예신 Books

프리티
손뜨개 무늬집

Pretty

임현지 저

예신 Books

fashion hand knit pattern

머 리 말

　처음 니트 디자이너로 작품집『봄 & 여름용 패션 손뜨개』,『가을 & 겨울용 패션 손뜨개』,『사계절 패션 손뜨개』,『어린이 패션 손뜨개』,『캐주얼 & 정장 패션 손뜨개』, 등 5권을 만들었고,　여섯 번째 책을 출간하게 되니 감회가 새롭다.

　이번에는 작품집이 아닌 '패션 손뜨개 무늬집' 으로 나에게는 새로운 도전과도 같은 책이다. 대바늘과 코바늘 그리고 에칭에 이르기까지 방대한 분량의 무늬들을 스타일별로 나누어 총 다섯 권으로 구성하였다.

　이 책은 '패션 손뜨개 무늬집' 중 제4권인 프리티 손뜨개 무늬집 편이다. 전체적으로 웨이브 꼬임이 주는 부드럽고 따뜻하면서도 톡톡튀는 귀여운 느낌을 표현할 수 있는 무늬 위주로 구성하였다.

　이 무늬집을 보고 나면 흔한 무늬들이라고 하는 독자도 있을 것이고, 새로운 무늬라고 하는 독자도 있겠지만, 무늬집을 준비하면서 여러 가지 도안과 패턴들을 작업해 보니 같은 무늬도 한 단, 한 코, 실의 굵기와 종류, 색상을 어떻게 쓰느냐에 따라 새로운 무늬가 나올 수 있다는 것을 알게 되었다. 독자들도 이 책을 참고하여 여러 가지 방법으로 응용할 수 있게 되길 바란다.

　각각의 독특한 무늬에 맞추어 실을 선택하여 똑같은 듯하지만 뭔지 모르게 달라보이고, 달라 보이지만 그리 튀지 않는 나만의 개성을 찾는 분들에게 조금이나마 도움이 되었으면 한다.

　이 책이 나오기까지 도움을 주신 출판사 사장님과 편집부 직원분들에게 고마운 마음을 전한다.

임현지(jwy1266@hanmail.net)

contents

대바늘 뜨기

    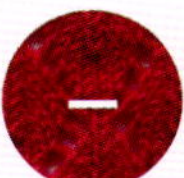

  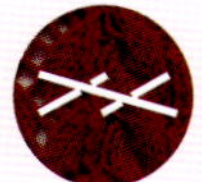  

 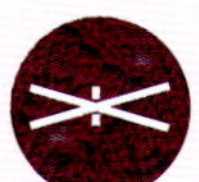   

   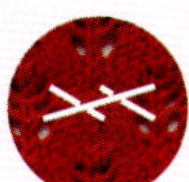 

기호	설명	기호	설명
		겉뜨기	⌄3 =	1코를 3코로 만들기
—	안뜨기		3코 3단 방울뜨기
○	걸기코		3코 5단 방울뜨기
ℓ	돌려뜨기		1길 긴뜨기 2코 방울뜨기
人	오른코겹치기		2번 감아 드라이브뜨기
入	왼코겹치기		오른쪽 위 1코 교차
入	안뜨기하며 오른코 겹치기		왼쪽 위 1코 교차
入	안뜨기하며 왼코 겹치기		오른쪽 위 1코 교차 (아래코 안뜨기)
人	중심 3코 모아뜨기		왼쪽 위 1코 교차 (아래코 안뜨기)
人	오른코 겹쳐 3코 모아뜨기		오른쪽 위 돌려 1코 교차
人	왼코 겹쳐 3코 모아뜨기		왼쪽 위 돌려 1코 교차
⌄3 =	1코를 3코로 만들기		오른쪽 위 돌려 1코 교차 (아래코 안뜨기)

기호	설명	기호	설명
	왼쪽 위 돌려 1코 교차 (아래코 안뜨기)		1단 넘긴코
	오른쪽 위 1코와 2코 교차		안뜨기 4단 넘긴코
	왼쪽 위 1코와 2코 교차		2단 끌어올린코
	사이 1코 건너 왼쪽 위 1코 교차		안뜨기 2단 끌어올린코
	오른쪽 위 2코 교차		바늘에 2회 실감아뜨기
	왼쪽 위 2코 교차		왼코 중심 3코 모은 후 3코 만들어뜨기
	사이안뜨기 2코 건너 왼코 위 1코 교차		오른코로 2코 덮어뜨기
	사이 3코 건너 오른쪽 위 1코 교차		왼코로 2코 덮어뜨기
	왼쪽 위 3코 교차		오른코로 1코 덮어뜨기
	오른쪽 코에 꿴 노트		왼코로 1코 덮어뜨기
	왼쪽 코에 꿴 노트		

1 │ **겉뜨기**

❶ 실을 건너편에 두고 오른쪽 바늘을 왼쪽에 넣는다.

❷ 오른쪽 바늘에 실을 걸어 화살표와 같이 앞쪽으로 빼낸다.

❸ 오른쪽 바늘에 고리가 걸려나오면 왼쪽 바늘을 빼낸다.

❹ 겉뜨기가 완성된다.

2 ─ **안뜨기**

❶ 실을 앞쪽에 두고 오른쪽 바늘을 화살표와 같이 왼쪽에 넣는다.

❷ 그림과 같이 실을 걸어서 반대쪽으로 빼낸다.

❸ 오른쪽 바늘에 고리가 걸리면 왼쪽 바늘을 빼낸다.

❹ 안뜨기가 완성된다.

3 ○ **걸기코**

❶ 그림과 같이 오른쪽 바늘에 실을 걸어 왼쪽에 화살표 방향으로 넣는다.

❷ 다음 코에 앞쪽부터 바늘을 넣어 보통으로 뜬다.

❸ 다음 단을 뜬다. 걸기코가 완성된다.

4 **돌려뜨기**

❶ 오른쪽 바늘을 화살표와 같이 건너편 쪽에서 왼쪽 바늘 아래로 넣는다.

❷ 오른쪽 바늘에 실을 걸어서 화살표와 같이 앞쪽으로 뺀다.

❸ 빼낸 고리 아래코의 뿌리가 돌려진다.

❹ 뜬코와 아래코가 돌려져 돌려뜨기가 완성된다.

5 **오른코 겹치기**

뜨지 않고 오른쪽 바늘로 이동

❶ 오른코에 앞쪽부터 바늘을 넣어서 뜨지 않은 바늘로 이동한다.

❷ 왼코에 바늘을 넣어서 실을 빼내고 겉코를 뜬다.

❸ 먼저 이동한 코에 왼쪽 바늘을 넣어 뜬 코에 덮어 씌운다.

❹ 오른코 겹치기가 완성된다.

6	왼코 겹치기	❶ 화살표와 같이 왼쪽 2코에 오른쪽 바늘을 한번에 넣는다.	❷ 바늘에 실을 걸어서 빼내고 2코를 한꺼번에 겉뜨기로 뜬다.	❸ 왼코 겹치기가 완성된다.	
7	안뜨기하며 오른코 겹치기	❶ 2코의 순서를 오른쪽의 코가 앞쪽이 되도록 교차시킨다.	❷ 화살표와 같이 바늘을 넣어서 2코를 한꺼번에 안뜨기로 뜬다.	❸ 안뜨기하며 오른코 겹치기가 완성된다.	❹ 2코의 방향을 바꾸어 화살표 방향으로 넣어서 뜰 수도 있다.
8	안뜨기하며 왼코 겹치기	❶ 화살표와 같이 우측에서 2코 한번에 바늘을 넣는다.	❷ 바늘에 실을 걸어서 화살표와 같이 빼낸다.	❸ 2코 한꺼번에 안코를 뜨면서 왼쪽 바늘을 뺀다.	❹ 안뜨기의 왼코 겹치기가 완성된다.
9	중심 3코 모아뜨기	❶ 우선 왼쪽 2코에 바늘을 넣어 뜨지 않고 오른쪽 바늘로 옮긴다.	❷ 3코째에 바늘을 넣어 실을 빼내고 겉코를 뜬다.	❸ 먼저 옮긴 2코에 왼쪽 바늘을 넣고 뜬코를 덮어씌운다.	❹ 중심 3코 모아뜨기가 완성된다.
10	오른코 겹쳐 3코 모아뜨기	❶ 1번째 코에 앞쪽으로 바늘을 넣어 뜨지 않고 오른쪽 바늘로 이동한다.	❷ 다음 2코에 화살표 방향으로 바늘을 넣어서 2코를 한꺼번에 뜬다.	❸ 옮겨둔 코에 왼쪽 바늘을 넣어서 뜬코에 덮어씌운다.	❹ 오른코 겹쳐 3코 모아뜨기가 완성된다.

11	왼코 겹쳐 3코 모아뜨기	❶ 화살표와 같이 3코 왼쪽부터 오른쪽 바늘을 한번에 넣는다.	❷ 바늘에 실을 걸어서 3코 고리를 한번에 빼낸다.	❸ 겉코가 떠지면 왼쪽 바늘을 빼낸다.	❹ 왼코 겹쳐 3코 모아뜨기가 완성된다.
12	1코를 3코로 만들기	❶ 앞쪽으로 바늘을 넣고 실을 걸어서 앞쪽으로 빼낸다.	❷ 우선 겉코를 1코 뜬다.	❸ 뜬코를 왼쪽 바늘에 건 채로 늘림코를 뜬다.	❹ 같은 코에 겉코를 1코 뜨면 1코를 3코로 만들기가 완성된다.
13	1코를 3코로 만들기	❶ 먼저 겉코를 1코 뜬다.	❷ 왼쪽 바늘코를 걸어둔 채로 같은 코에 안코를 뜬다.	❸ 다시 같은 코에 모아 1코 겉뜨기를 뜬다.	❹ 겉코, 안코, 겉코 떠내기 늘림코가 완성된다.
14	3코 3단 방울뜨기	❶ 1코에서 겉코, 늘림코, 겉코 3코를 뜬다.	❷ 거꾸로 돌려서 안코쪽을 보면서 3코만 안코로 뜬다.	❸ 다시 돌려서 2코를 뜨지 않고 이동하고, 3번째 코를 뜬다.	❹ 옮겨진 2코를 뜬코에 덮어씌우면 3코 3단 방울뜨기가 완성된다.
15	3코 5단 방울뜨기	❶ 1코에서 겉코, 늘림코, 겉코 3코를 뜬다.	❷ 떠 놓은 3코만 안, 겉, 안으로 바꿔가며 뜬다.	❸ 돌려서 2코를 뜨지 않고 오른쪽 바늘로 옮겨 3번째 코를 뜬다.	❹ 옮겨진 2코를 뜬코에 덮어씌우면 3코 5단 방울뜨기가 완성된다.

| 16 | | ● 코바늘을 사용하여 사슬을 3코 떠서 화살표 위치에 바늘을 넣는다. | ② 실을 걸어 빼내고, 다시 한번 걸어서 고리 2개만 빼낸다. | ③ 한번 더 반복하여 미완성된 1길 긴뜨기를 2코 뜨고 모든 코를 빼낸다. | ④ 코바늘에서 오른쪽 바늘로 옮기면 1길 긴뜨기 2코 방울뜨기가 완성된다. |

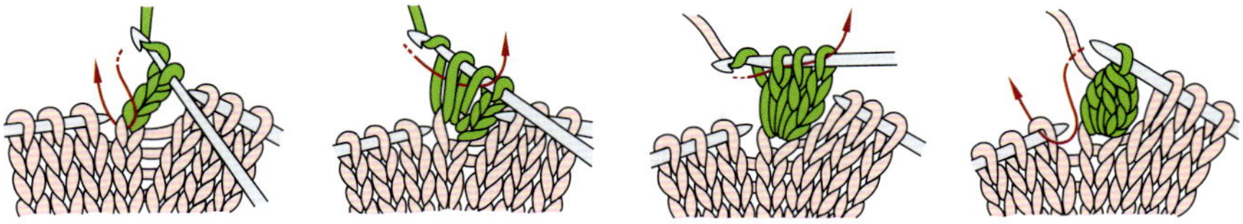

1길 긴뜨기 2코 방울뜨기

두번 감아 드라이브뜨기

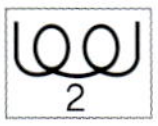

왼쪽 바늘에서 옮긴다.

| 17 | | ● 겉뜨기를 한 다음, 실을 바늘에 2번 감아 빼낸다. | ② 다음 단을 뜰 때 감은 실을 풀면서 뜬다. | ③ 두번 감아 드라이브뜨기가 완성된다. | |

오른쪽 위 1코 교차

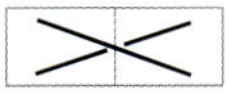

| 18 | | ● 오른코의 뒤쪽에서 왼코의 앞쪽으로 바늘을 넣는다. | ② 실을 걸고 화살표와 같이 꺼내고, 겉뜨기를 한다. | ③ 왼코는 바늘에 걸어 둔 채 오른코를 겉뜨기 한다. | ④ 오른쪽 바늘로 2코를 옮기면 오른쪽 위 1코 교차뜨기가 완성된다. |

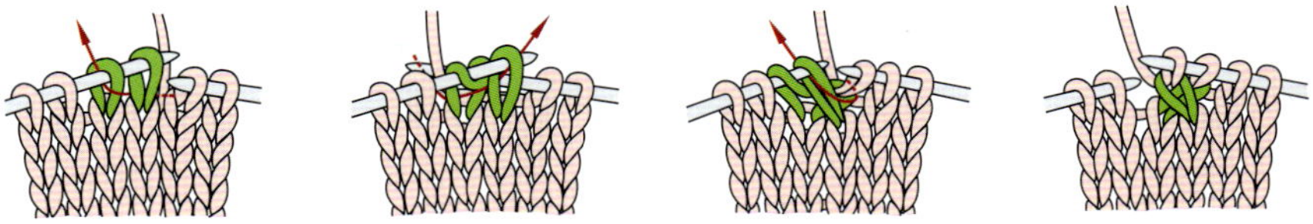

왼쪽 위 1코 교차

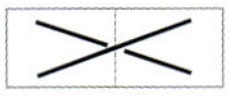

| 19 | | ● 화살표와 같이 왼코에 앞쪽으로 바늘을 넣는다. | ② 왼코를 오른쪽으로 넘겨서 실을 걸어 겉코를 뜬다. | ③ 왼코는 바늘에 걸어 둔 채 오른코를 겉코로 뜬다. | ④ 왼쪽 바늘을 빼내면 왼쪽 위 1코 교차뜨기가 완성된다. |

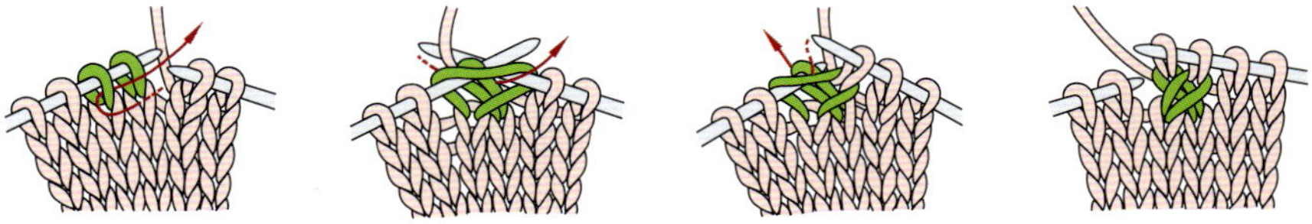

오른쪽 위 1코 교차 (아래코 안뜨기)

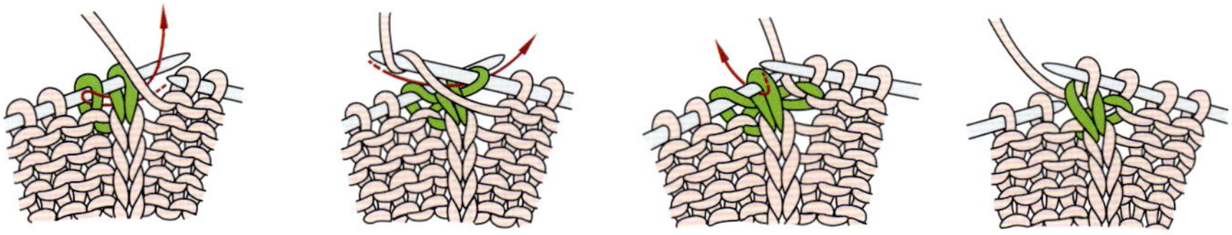

| 20 | | ● 오른코의 건너편에서 왼코에 바늘을 넣는다. | ② 왼코를 오른쪽으로 넘겨서 실을 걸고 안코를 뜬다. | ③ 왼코는 바늘에 걸어 둔 채 오른코를 겉코로 뜬다. | ④ 왼쪽 바늘에서 2코를 옮기면 오른쪽 위 1코 교차뜨기 (아래코 안뜨기)가 완성된다. |

21	왼쪽 위 1코 교차 (아래코 안뜨기)	❶ 왼코에 화살표와 같이 앞쪽으로 바늘을 넣는다.	❷ 왼코를 그림과 같이 오른쪽으로 넘겨서 겉코로 뜬다.	❸ 뜬코를 왼쪽 바늘에 걸어둔 채 오른코를 안코로 뜬다.	❹ 2코를 왼쪽 바늘에서 옮기면 왼쪽 위 1코 교차(아래코 안뜨기)가 완성된다.
22	오른쪽 위 돌려 1코 교차	❶ 오른코의 건너편 쪽에서 왼코 앞으로 바늘을 넣는다.	❷ 화살표와 같이 실을 걸어서 빼내고 겉코를 뜬다.	❸ 왼코를 걸어둔 채 오른코를 돌린코로 뜬다.	❹ 왼쪽 바늘에서 2코가 옮겨지면 오른쪽 위 돌려 1코 교차뜨기가 완성된다.
23	왼쪽 위 돌려 1코 교차	❶ 화살표와 같이 왼코에 앞쪽부터 돌리도록 넣는다.	❷ 오른쪽에 넘겨진 실을 빼내서 돌린코로 뜬다.	❸ 뜬코를 걸어둔 채 오른코를 겉코로 뜬다.	❸ 왼쪽 바늘에서 2코가 옮겨지면 왼쪽 위 돌려 1코 교차뜨기가 완성된다.
24	오른쪽 위 돌려 1코 교차 (아래코 안뜨기)	❶ 실을 앞쪽으로 해서 화살표와 같이 왼코의 건너편에서부터 바늘을 넣는다.	❷ 오른쪽으로 넘겨진 실을 빼내서 돌린코로 뜬다.	❸ 뜬코를 걸어둔 채 오른쪽 코를 돌린코로 뜬다.	❹ 왼쪽 바늘에서 2코가 옮겨가면 오른쪽 위 돌려 1코 교차(아래코 안뜨기)가 완성된다.
25	왼쪽 위 돌려 1코 교차 (아래코 안뜨기)	❶ 왼코에 화살표와 같이 돌리도록 바늘을 넣는다.	❷ 오른쪽으로 넘겨서 겉코를 뜬다(돌린코가 되도록).	❸ 뜬코를 왼쪽 바늘에 걸어둔 채 오른코를 안코로 뜬다.	❹ 2코를 왼쪽 바늘에서 옮기면 왼쪽 위 돌려 1코 교차(아래코 안뜨기)가 완성된다.

| 26 | 오른쪽 위 1코와 2코 교차 | ❶ 1번 코를 코막음 핀에 끼워 앞쪽에 두고 2번 코를 뜬다. | ❷ 다음에 3번 코에 화살 표와 같이 바늘을 넣어 서 겉코를 뜬다. | ❸ 마지막에 남겨둔 1번 코를 코막음 핀에 둔 채로 겉코를 뜬다. | ❹ 오른쪽 위 1코와 2코 교차하기가 완성된다. |

| 27 | 왼쪽 위 1코와 2코 교차 | ❶ 1, 2번 코를 코막음 핀에 끼워 뒷쪽에 두고 3번 코를 뜬다. | ❷ 다음에 끼워둔 1, 2번 코를 코막음 핀에 둔 채로 겉코로 뜬다. | ❸ 왼쪽 위 1코와 2코 교차 뜨기가 완성된다. | |

| 28 | 사이 1코 건너 왼쪽 위 1코 교차 | ❶ 1, 2번 코를 코막음 핀에 끼워서 뒷쪽에 둔다. | ❷ 3번 코를 겉코로 뜨고 2번 코를 제일 뒷쪽에 두고 겉코로 뜬다. | ❸ 나중에 1번 코에 화살 표와 같이 바늘을 넣어 서 겉코를 뜬다. | ❹ 사이 1코 건너 왼쪽 위 1코 교차뜨기가 완 성된다. |

| 29 | 오른쪽 위 2코 교차 | ❶ 오른쪽 2번 코를 코막 음 핀에 끼워 앞쪽에 놓아 둔다. | ❷ 왼쪽의 3, 4번 코에 앞쪽부터 바늘을 넣어 서 겉코로 뜬다. | ❸ 코막음 핀의 1, 2번 코를 각각 겉코로 뜨면 오른쪽 위 2코 교차뜨기가 완성된다. | |

| 30 | 왼쪽 위 2코 교차 | ❶ 1, 2번 코를 코막음 핀에 끼워서 뒷쪽에 놓아 둔다. | ❷ 왼쪽의 3, 4번 코에 바늘을 넣어서 겉코를 뜬다. | ❸ 코막음 핀의 1, 2번 코를 뜨면 왼쪽 위 2코 교차뜨기가 완성된다. | |

No.	기호 / 명칭	❶	❷	❸	❹
31	사이안뜨기 2코 건너 왼코 위 1코 교차	❶ 1번 코와 2, 3번 코를 2개의 코막음 핀에 끼워 둔다.	❷ 4번의 코를 겉코로 뜨고, 2, 3번 코를 뒷쪽에서 안코로 뜬다.	❸ 마지막에 1번 코 앞쪽에서부터 바늘을 넣어 겉코로 뜬다.	❹ 사이안뜨기 2코 건너 왼코 위 1코 교차뜨기가 완성된다.
32	사이 3코 건너 오른쪽 위 1코 교차	❶ 1번 코와 2, 3번 코를 2개의 코막음 핀에 끼워서 둔다.	❷ 우선 5번 코를 겉코로 뜨고, 2~4번 코를 뜬다.	❸ 나중에 제일 앞쪽 1번 코를 넣어서 겉코로 뜬다.	❹ 사이 3코 건너 오른쪽 위 1코 교차뜨기가 완성된다.
33	왼쪽 위 3코 교차	❶ 오른쪽 1~3번 코를 코막음 핀에 끼워서 뒷쪽에 두고 4~6번 코를 뜬다.	❷ 놓아둔 3코를 코막음 핀채로 왼쪽으로 넘긴다.	❸ 코막음 핀의 코에서 앞쪽으로 바늘을 넣어서 겉코로 뜬다.	❹ 왼쪽 위 3코 교차뜨기가 완성된다.
34	오른쪽 코에 꿴 노트 (3코)	❶ 3코를 뜨지 않고 오른쪽 바늘에 옮기고 1번째 코는 코의 방향을 바꾼다.	❷ 오른쪽 바늘을 1번째 코에 넣고 2코에 덮어씌우고, 2코째를 겉코로 뜬다.	❸ 다음에 늘림코를 하고 3번째 코에 바늘을 넣어서 겉코로 뜬다.	❹ 오른쪽 코에 꿴 노트 (3코)가 완성된다.
35	왼쪽 코에 꿴 노트 (3코)	❶ 3번째 코에 먼저 바늘을 넣고 화살표와 같이 오른쪽 2코에 덮어씌운다.	❷ 오른쪽 코에 앞쪽으로 바늘을 넣고 빼내서 겉코로 뜬다.	❸ 다음에 늘림코를 하고 왼쪽 코에 바늘을 넣어서 겉코를 뜬다.	❹ 왼쪽 코에 꿴 노트(3코)가 완성된다.

| 36 | | 1단 넘긴코 | ❶ 실을 앞쪽에 두고 화살표 방향으로 바늘을 넣어서 뜨지 않고 옮긴다. | ❷ 실을 뒷편에 두고 다음 코부터는 보통으로 뜬다. | ❸ 1코 1단 넘긴코가 완성된다. |

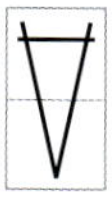

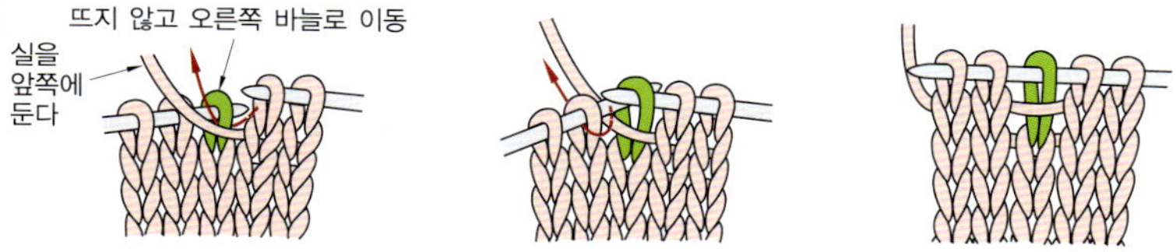

36 · 1단 넘긴코

- ❶ 실을 앞쪽에 두고 화살표 방향으로 바늘을 넣어서 뜨지 않고 옮긴다.
- ❷ 실을 뒷편에 두고 다음 코부터는 보통으로 뜬다.
- ❸ 1코 1단 넘긴코가 완성된다.

37 · 안뜨기 4단 넘긴코

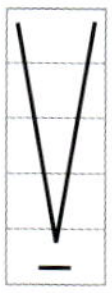

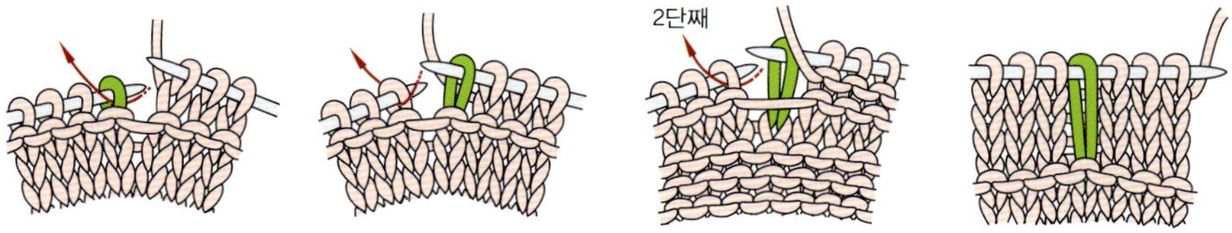

- ❶ 실을 뒷편에 두고 안뜨기를 뜨지 않고 오른쪽 바늘로 이동한다.
- ❷ 다음 코부터 보통으로 뜬다.
- ❸ 2단째는 실을 앞쪽에 두고 뜨지 않고 오른쪽 바늘로 옮긴다.
- ❹ ❷~❸번을 반복하면 안뜨기 4단 넘긴코가 완성된다.

38 · 2단 끌어올린코

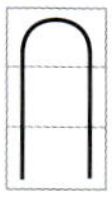

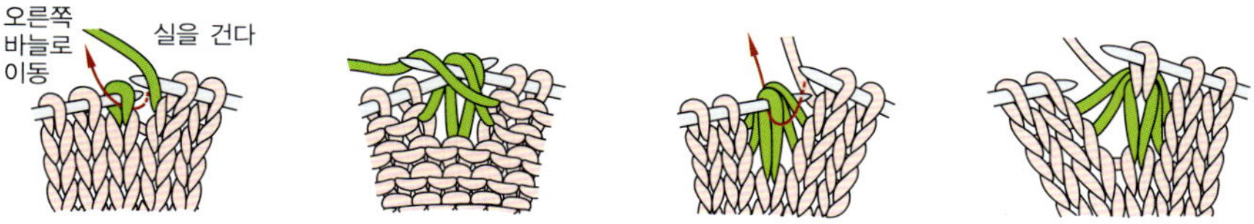

- ❶ 바늘에 실을 걸어서 코를 뜨지 않고 오른쪽 바늘로 이동한다.
- ❷ 다음 단도 늘림코를 하고 같은 코를 뜨지 않고 옮긴다.
- ❸ 끌어올린 2단 분량의 늘림코와 코를 함께 뜬다.
- ❹ 2단 끌어올린코가 완성되었다.

39 · 안뜨기 2단 끌어올린코

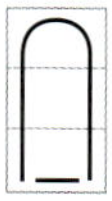

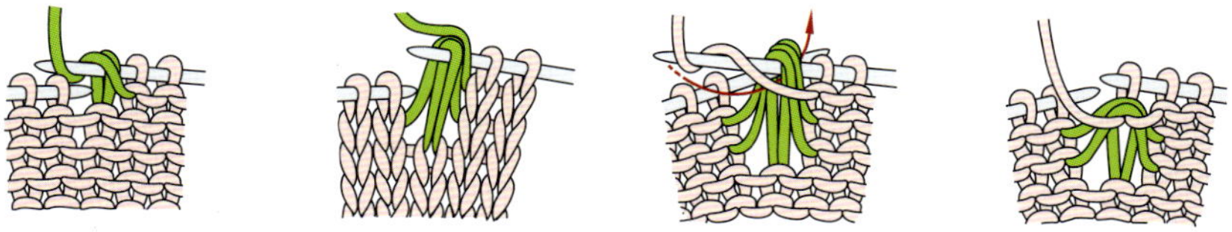

- ❶ 실을 바늘에 걸어서 코를 뜨지 않고 오른쪽 바늘로 옮긴다.
- ❷ 다음 단도 늘림코를 하고 같은 코를 뜨지 않고 옮긴다.
- ❸ 끌어올린 2단 분량의 실과 코를 함께 단코로 뜬다.
- ❹ 안뜨기 2단 끌어올린코가 완성되었다.

40 · 바늘에 2회 실감아뜨기

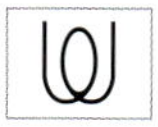

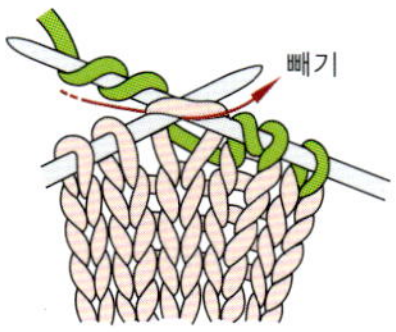

코에 바늘을 걸고 넣은 바늘에 실을 2회 감아 빼낸다.

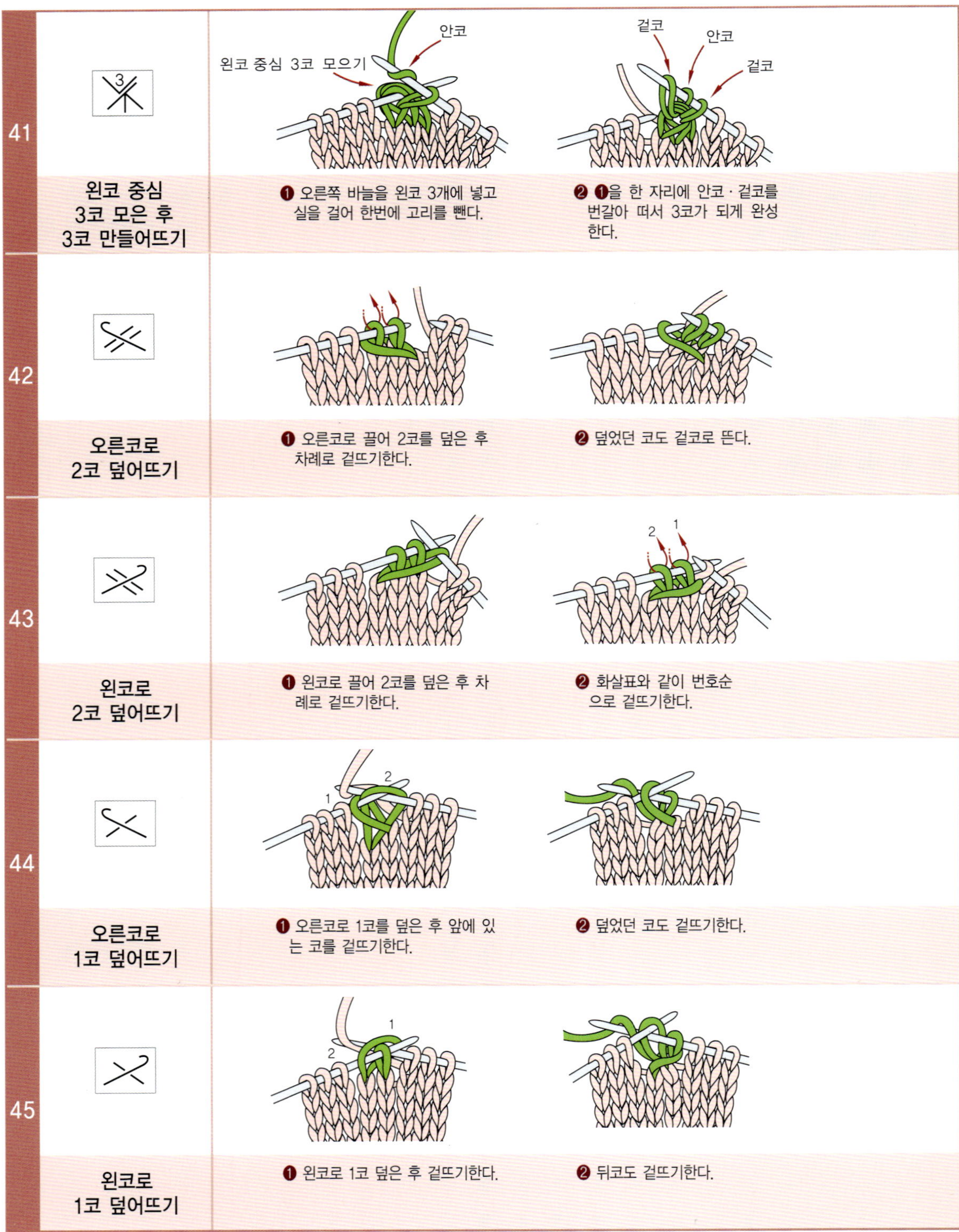

41	왼코 중심 3코 모은 후 3코 만들어뜨기
42	오른코로 2코 덮어뜨기
43	왼코로 2코 덮어뜨기
44	오른코로 1코 덮어뜨기
45	왼코로 1코 덮어뜨기

손뜨개 기본도구

코막음 핀

꽈배기 무늬나 다이아몬드 무늬 등 여러 가지 무늬를 넣을 때 코를 옮기는 용도로 사용하는 핀이다. 꽈배기 바늘이라고도 하며 활 모양으로 생겨 코가 쉽게 빠지지 않는다.

풀림방지 핀

무늬를 넣거나 주머니를 만들 때, 배색이나 연결뜨기를 할 때 등, 코를 잠시 빼두어야 할 때 코를 끼워두는 용도로 사용한다.

줄자

몸의 치수나 생활 소품의 사이즈를 재는 데 사용한다.

가위

실을 자를 때 사용한다. 용도와는 상관없이 끝이 날렵한 것이 좋다.

코바늘

비교적 신축성이 적은 편물을 뜰 때 사용한다. 대바늘 뜨기의 코를 만들거나 마무리할 때, 솔기를 꿰맬 때 등의 용도로 다양하게 사용하며 실의 굵기에 따라 선택이 달라진다.

줄바늘

대바늘과 대바늘을 줄로 연결한 것으로 일반적인 대바늘 뜨기부터 목선이나 겨드랑이 부분처럼 둥글게 뜨기를 하는 곳에 적당하다.

시침핀

옷을 다 뜬 뒤 마무리할 때 필요한 도구이다. 모티프나 생활 용품의 가장자리를 연결할 때, 단추나 안감을 달 때 임시로 위치를 고정할 수 있다.

대바늘

나무, 플라스틱, 금속 재질 등이 있으며 숫자가 클수록 두께가 굵어진다. 실제보다 약간 굵은 것을 사용하는 것이 좋다.

돗바늘

바늘귀가 커서 털실을 끼워 사용할 수 있는 바늘을 말한다. 여러 개의 모티프나 각각의 편물 조각을 연결할 때 사용한다.

1 17코 6단 1무늬

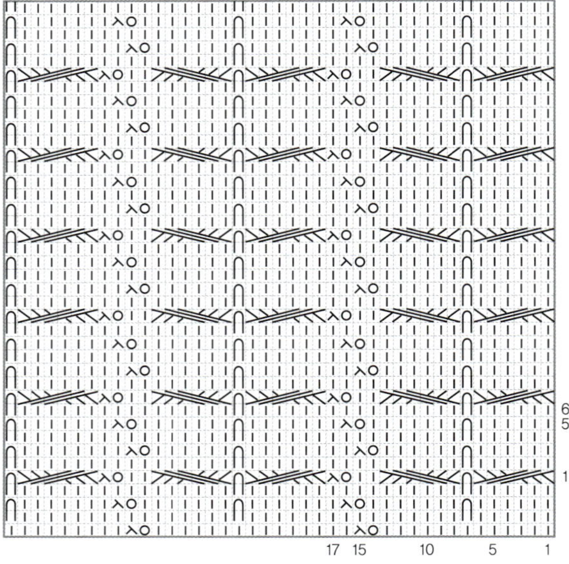

2 4코 16단 1무늬

3 6코 16단 1무늬

4 5코 8단 1무늬

5   9코 8단 1무늬

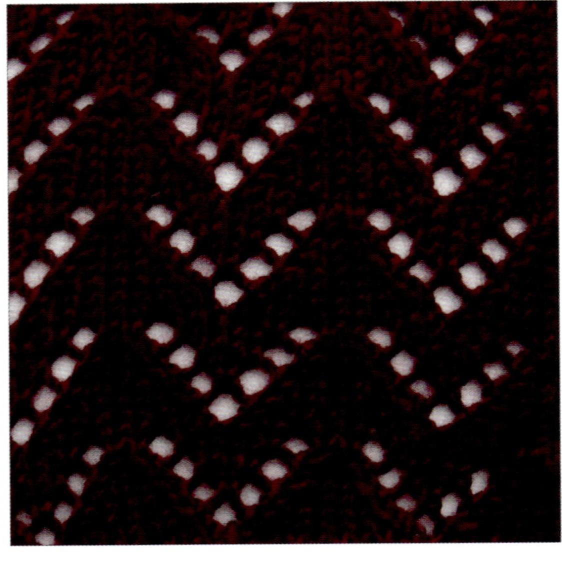

6   16코 4단 1무늬

7 16코 4단 1무늬

8 12코 10단 1무늬

9 · 20코 18단 1무늬

10 · 18코 18단 1무늬

11 13코 6단 1무늬

12 15코 8단 1무늬

 18코 10단 1무늬

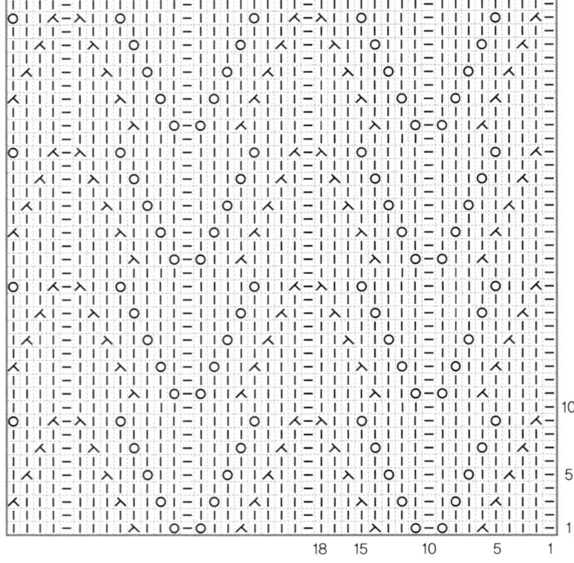

 7코 8단 1무늬

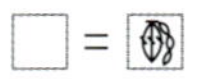
= 

15   8코 16단 1무늬

□ = 빈칸

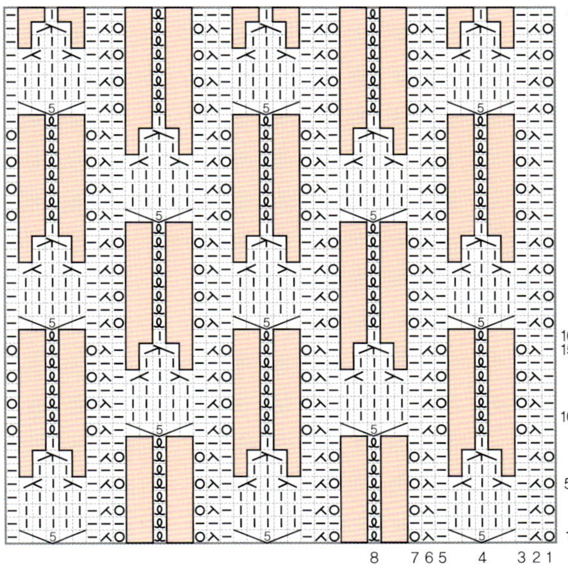

16   8코 12단 1무늬

17 · 14코 12단 1무늬

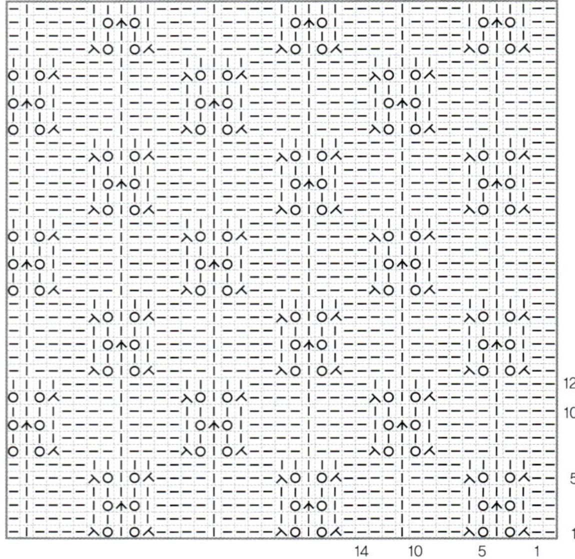

18 · 16코 16단 1무늬

19 8코 6단 1무늬

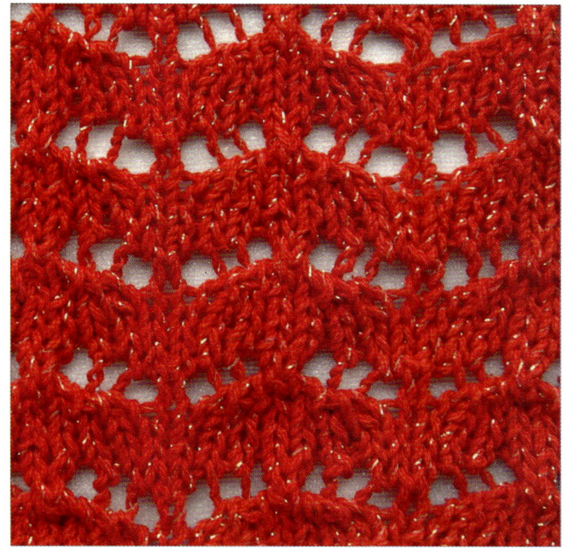

20 11코 8단 1무늬

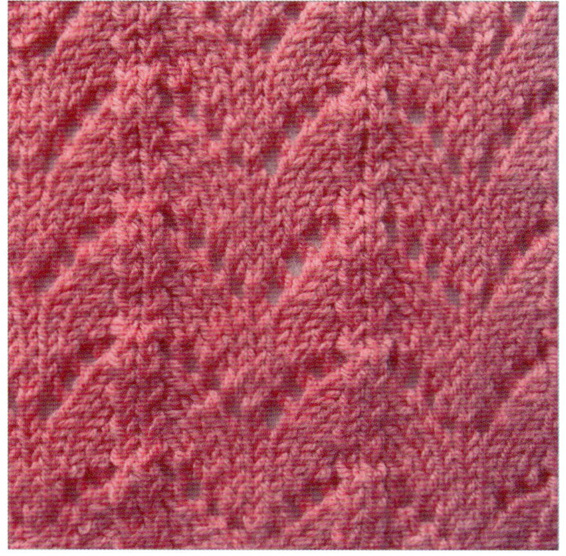

14코 8단 1무늬

22

10코 20단 1무늬

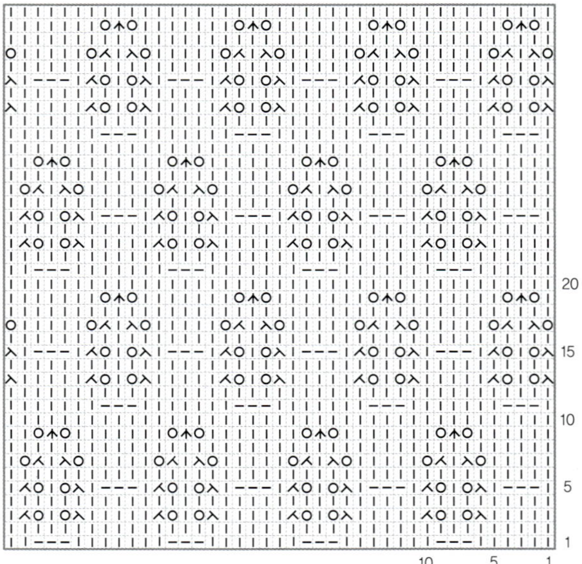

23 6코 12단 1무늬

24 14코 16단 1무늬

 12코 12단 1무늬

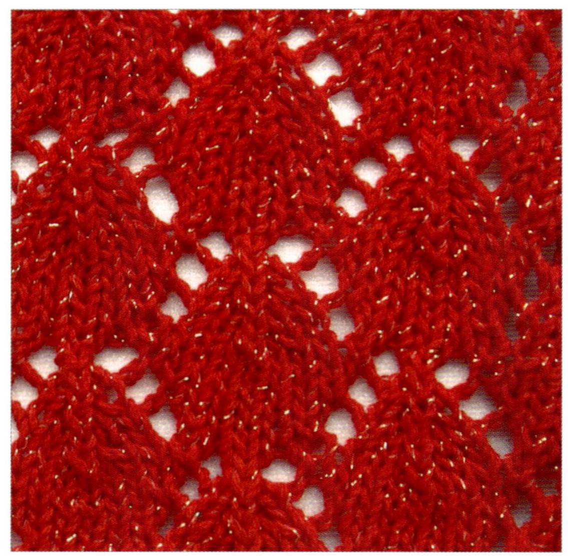

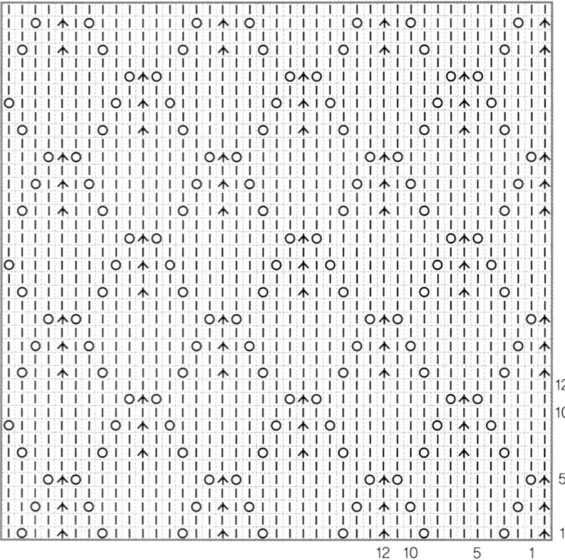

 14코 8단 1무늬

27 12코 12단 1무늬

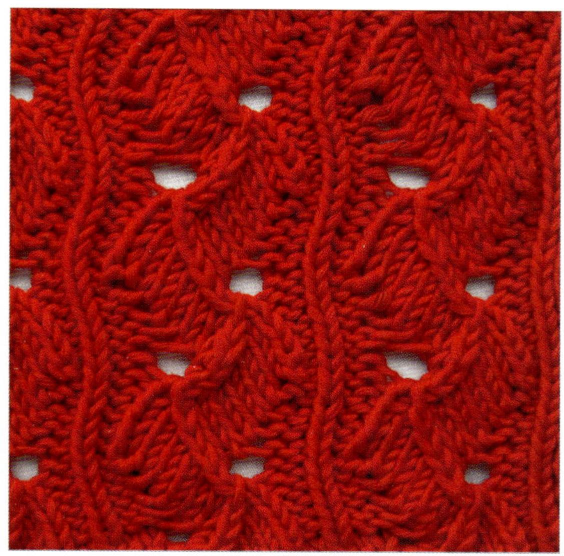

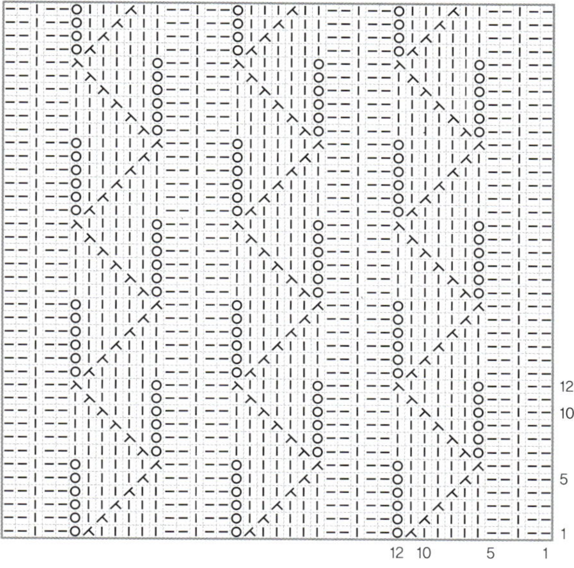

28 20코 8단 1무늬

29 · 9코 16단 1무늬

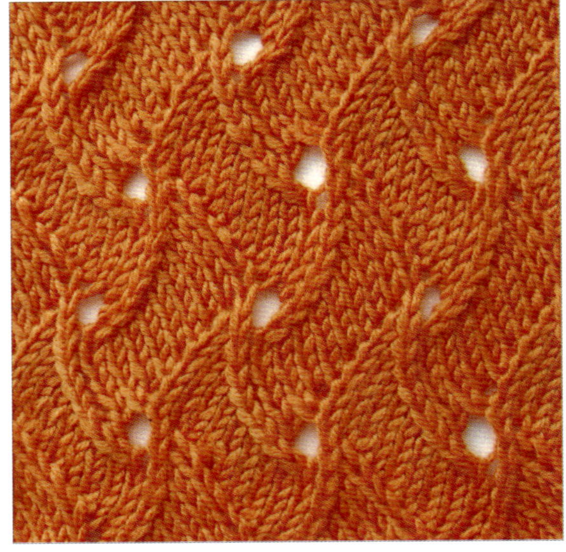

30 · 18코 12단 1무늬

31 10코 24단 1무늬

32 14코 20단 1무늬

33 11코 12단 1무늬

34 22코 12단 1무늬

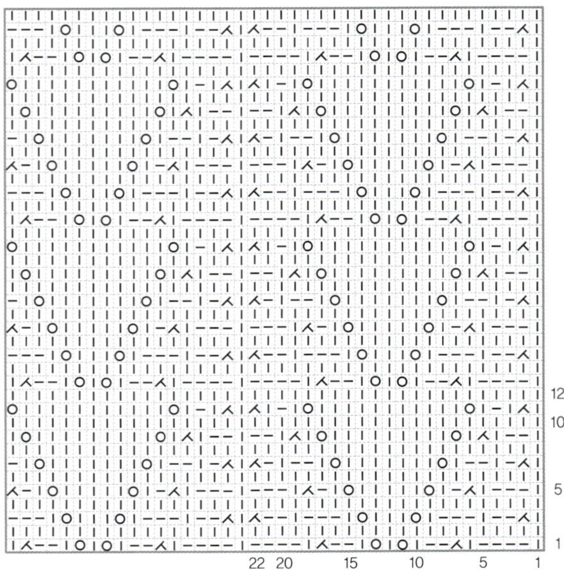

35 4코 2단 1무늬

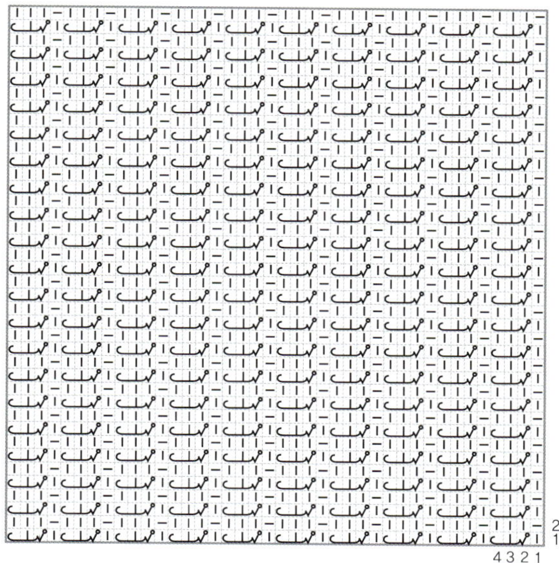

36 4코 2단 1무늬

 10코 4단 1무늬

 10코 8단 1무늬

39 7코 24단 1무늬

40 20코 16단 1무늬

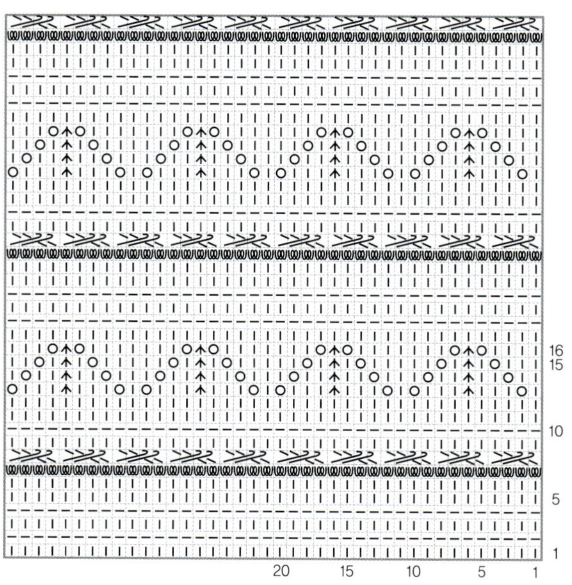

41 · 1코 4단 1무늬

42 · 2코 8단 1무늬

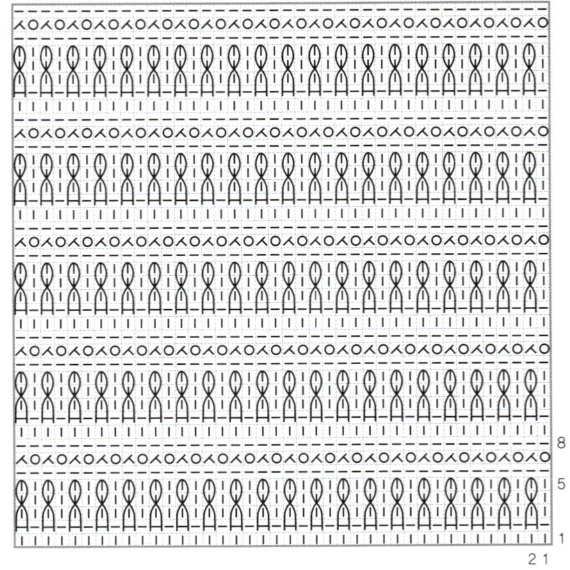

43 11코 20단 1무늬

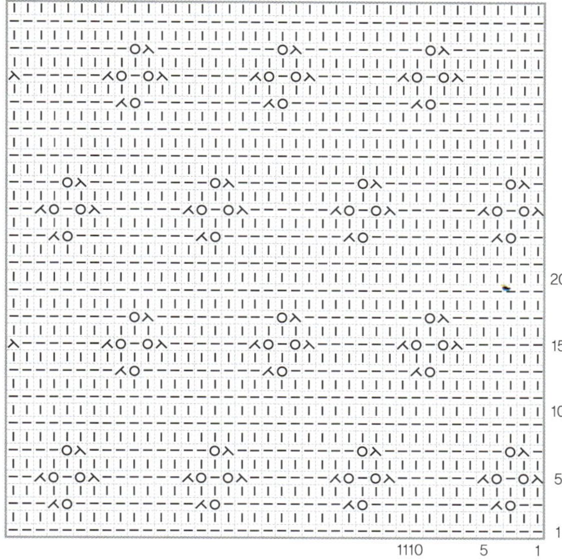

44 6코 28단 1무늬

 8코 28단 1무늬

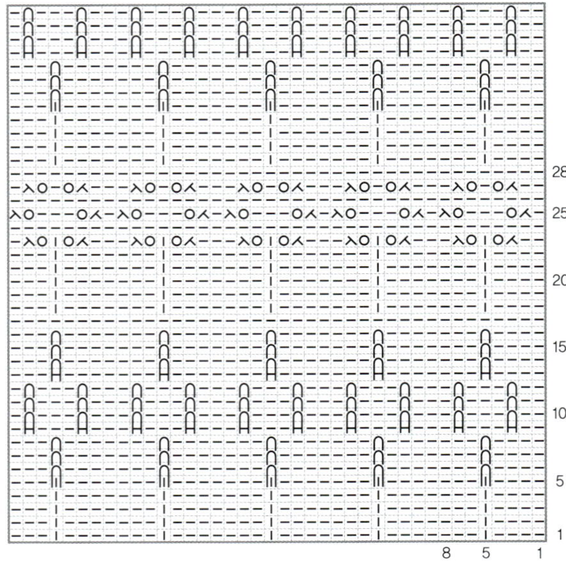

 10코 12단 1무늬

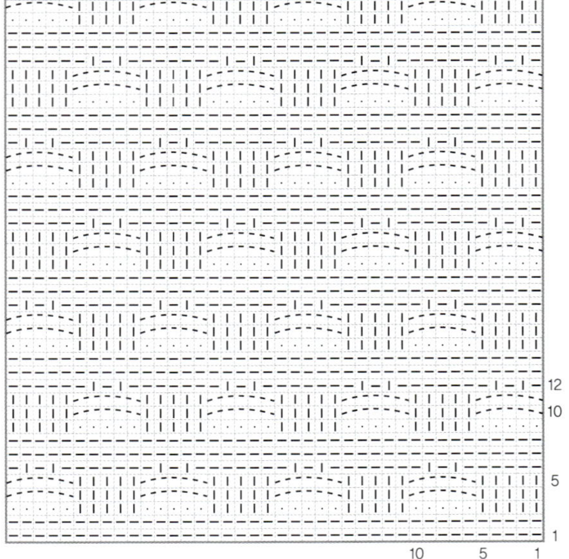

47 11코 14단 1무늬

☐ = 빈칸

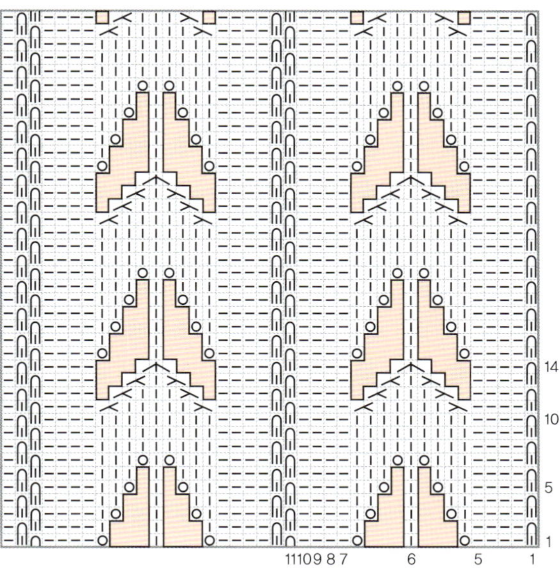

48 4코 32단 1무늬

49 9코 40단 1무늬

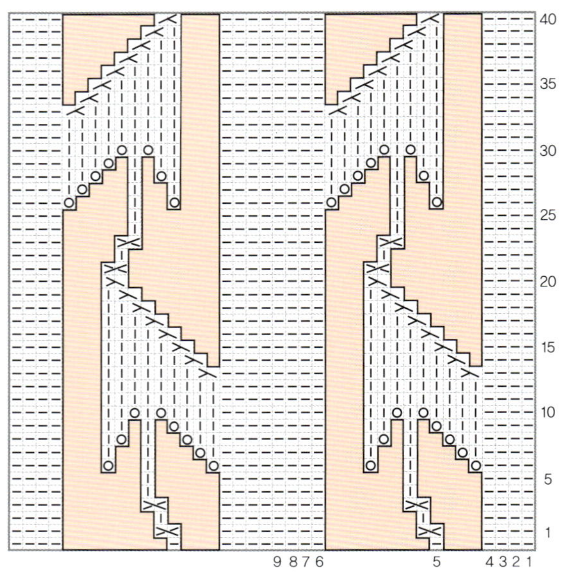

50 4코 2단 1무늬

51 7코 4단 1무늬

52 10코 12단 1무늬

☐ = 빈칸

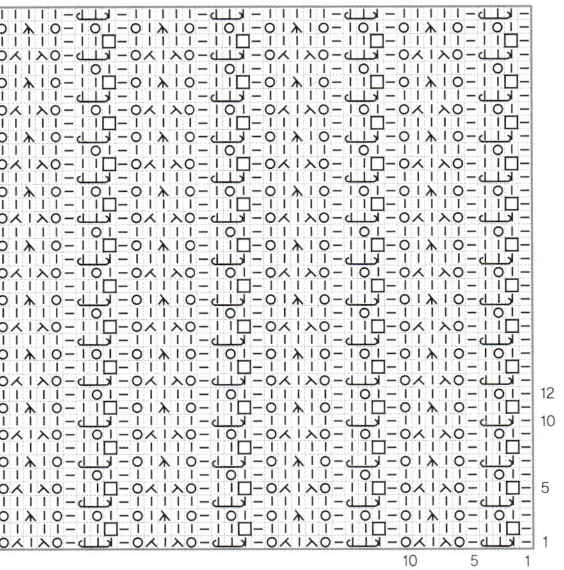

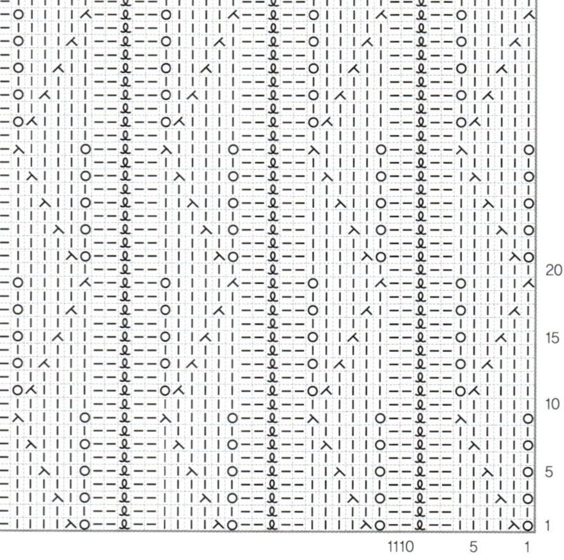

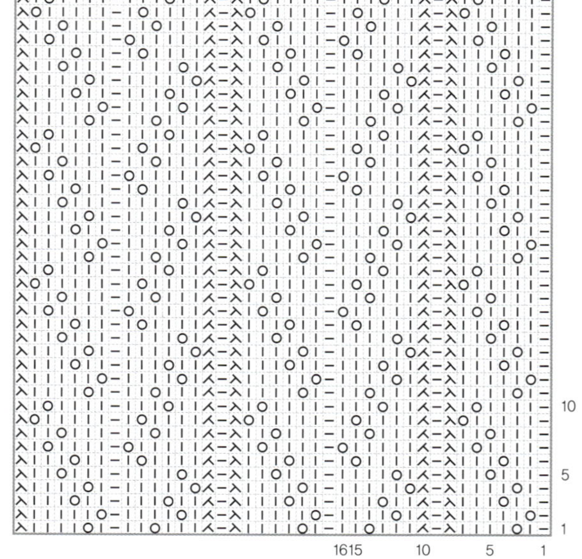

55   22코 12단 1무늬

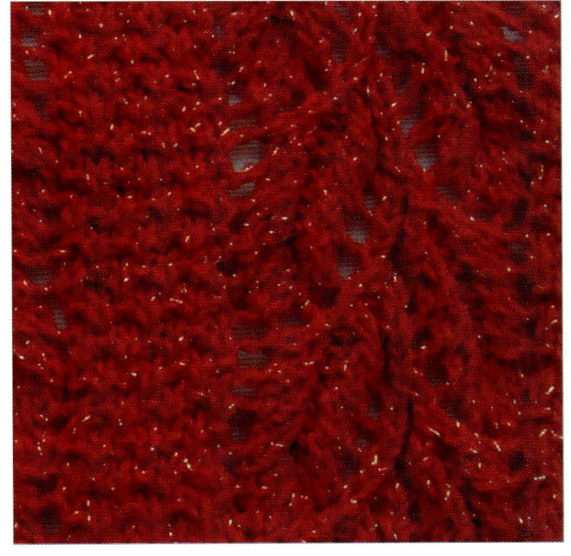

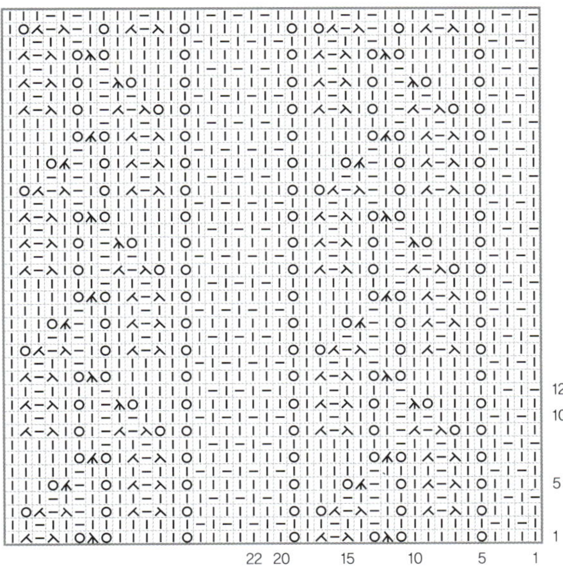

56   15코 10단 1무늬

57 · 25코 10단 1무늬

□ = 빈칸

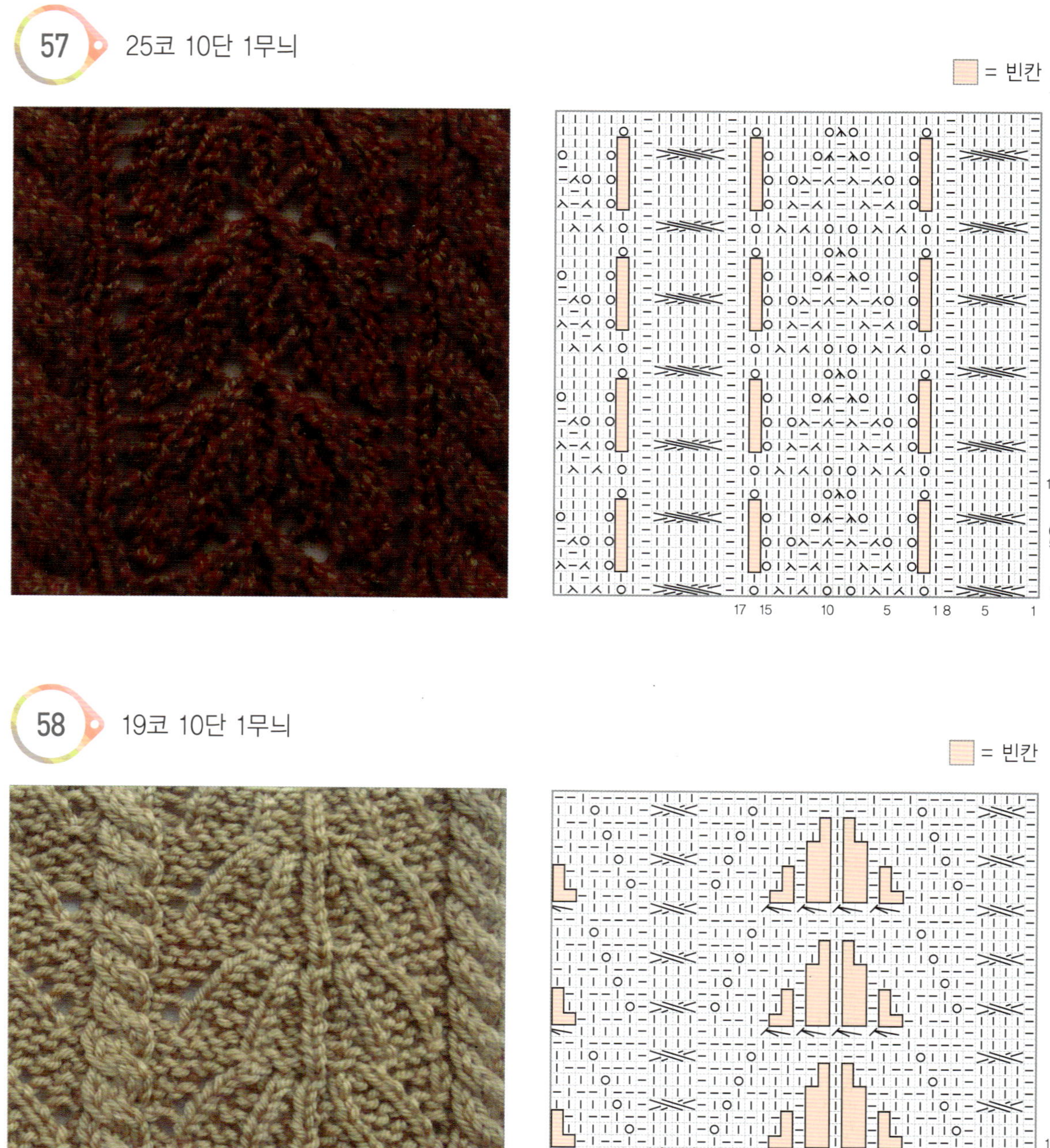

58 · 19코 10단 1무늬

□ = 빈칸

59 16코 10단 1무늬

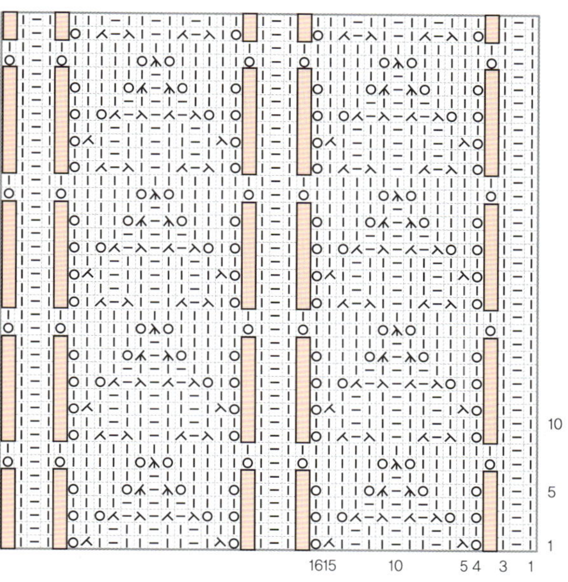

60 20코 4단 1무늬

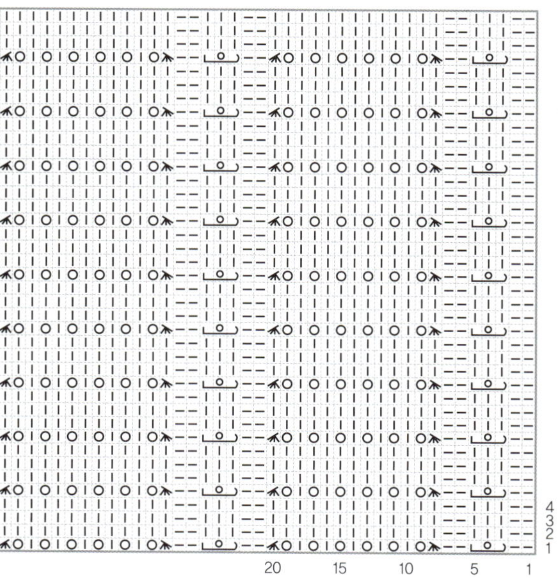

17코 4단 1무늬

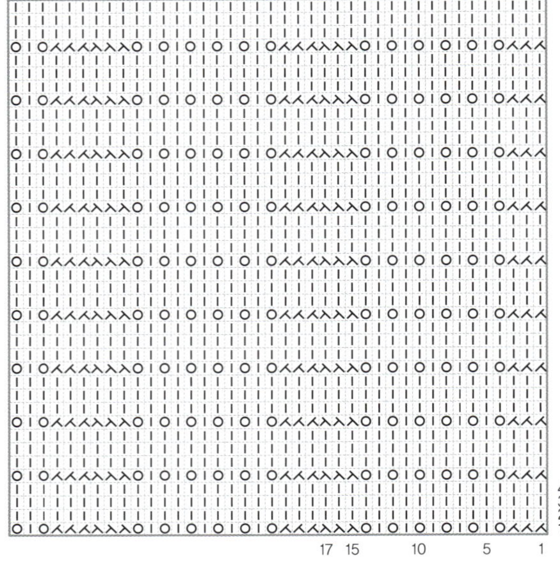

18코 6단 1무늬

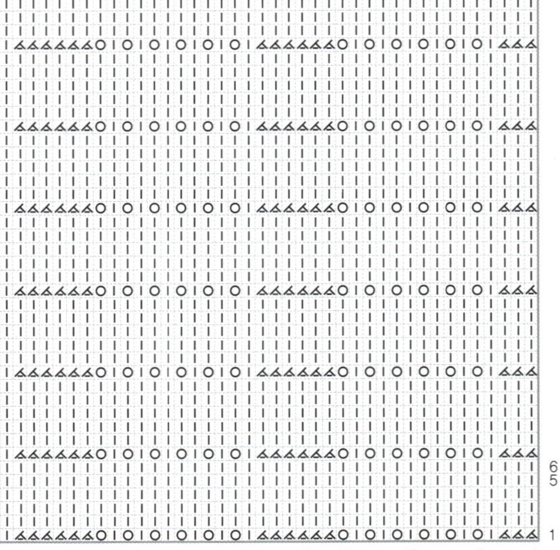

63 14코 12단 1무늬

64 17코 4단 1무늬

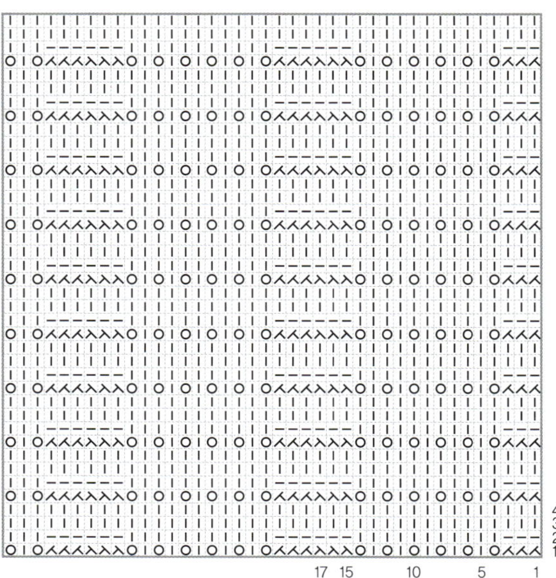

 **65** 16코 24단 1무늬

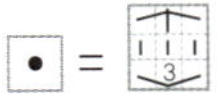

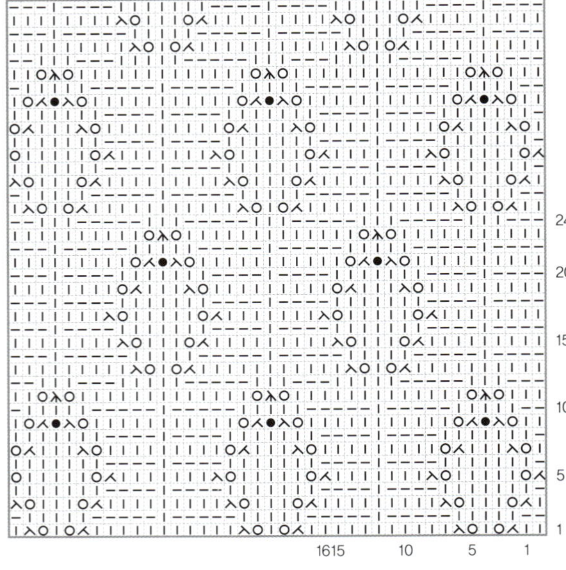

 **66** 19코 8단 1무늬

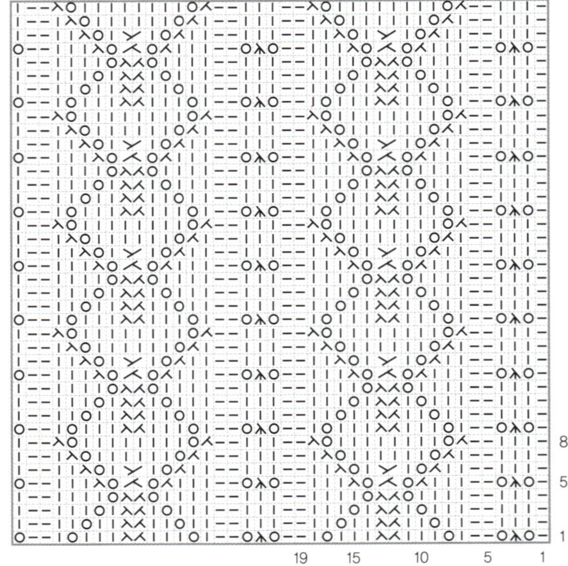

67 17코 16단 1무늬

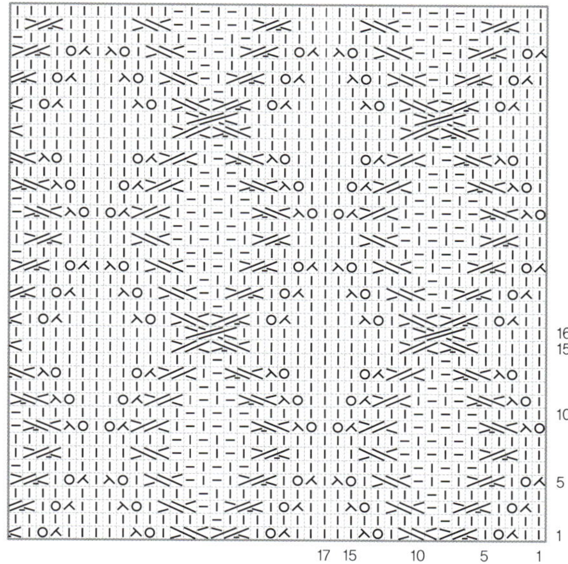

68 17코 14단 1무늬

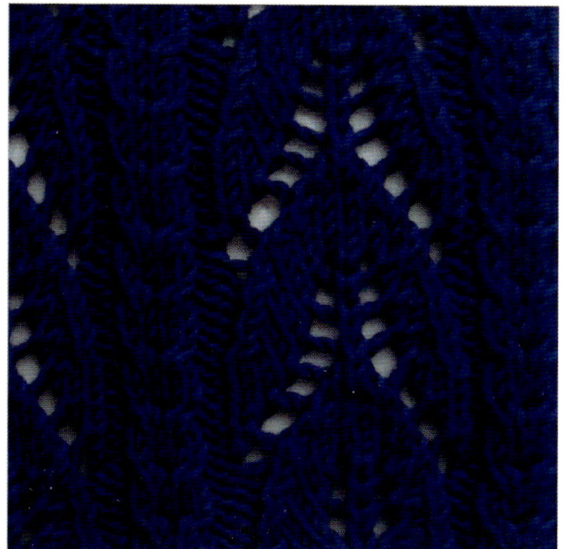

20코 36단 1무늬

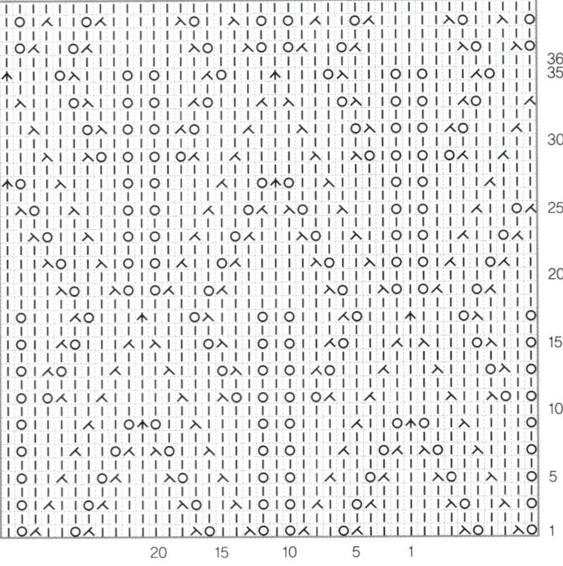

23코 10단 1무늬

71 16코 8단 1무늬

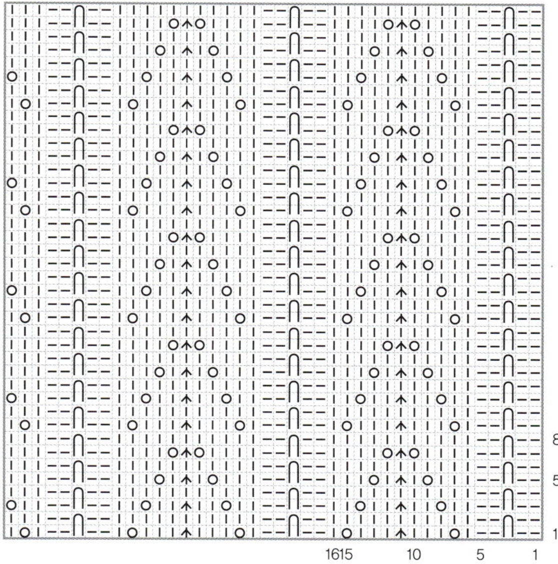

72 14코 6단 1무늬

73   17코 8단 1무늬

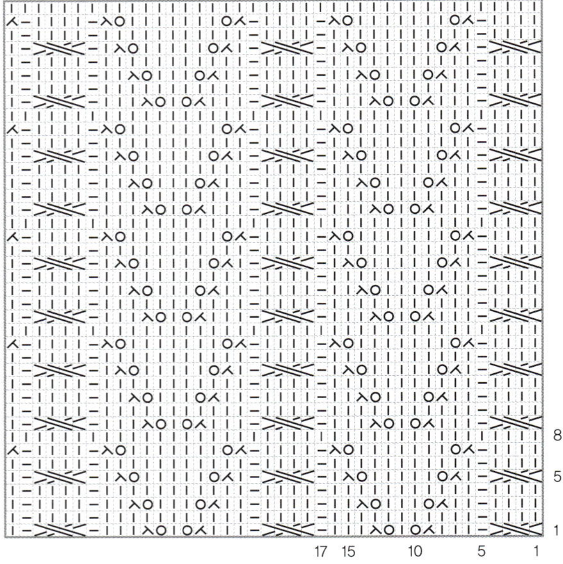

74   13코 10단 1무늬

75 33코 24단 1무늬

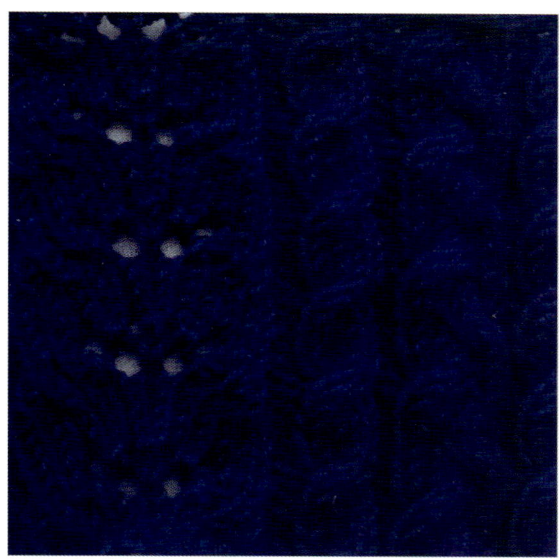

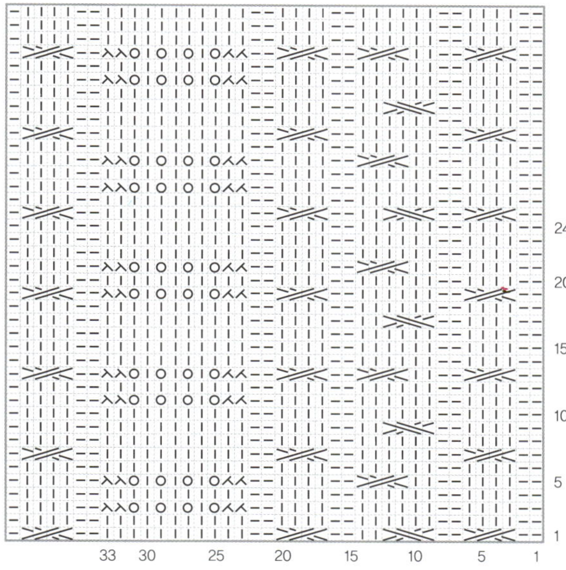

76 30코 8단 1무늬

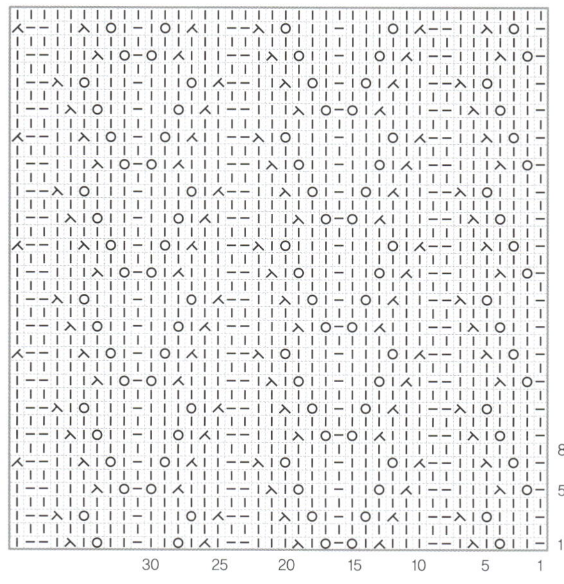

77   21코 24단 1무늬

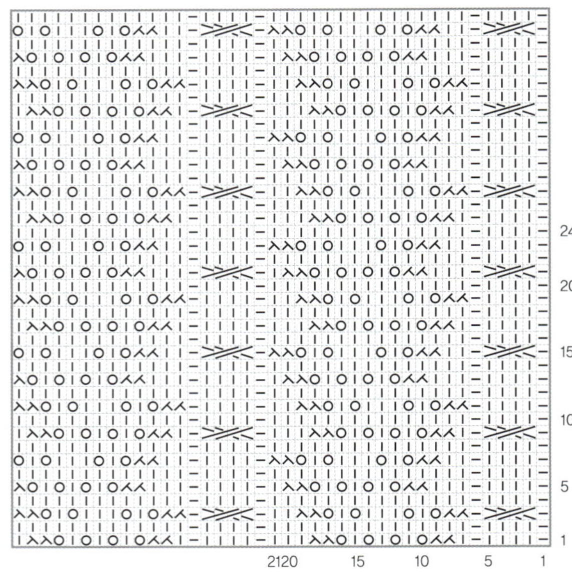

78   27코 32단 1무늬

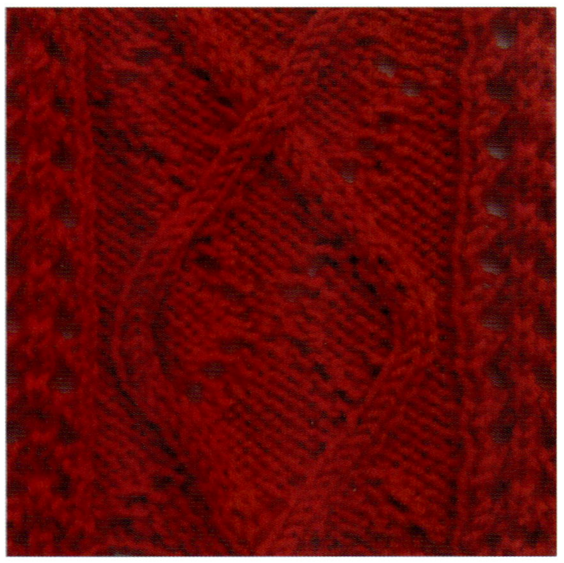

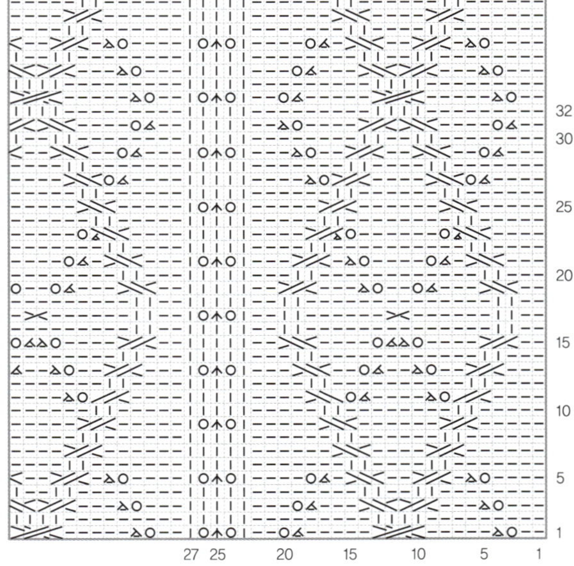

79 ▸ 4코 6단 1무늬

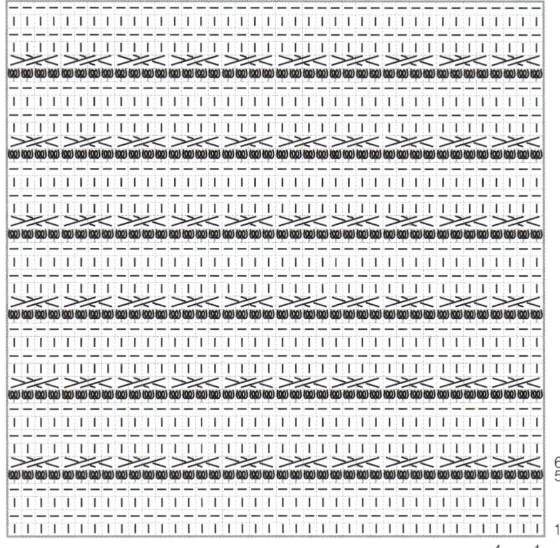

80 ▸ 5코 10단 1무늬

81 9코 4단 1무늬

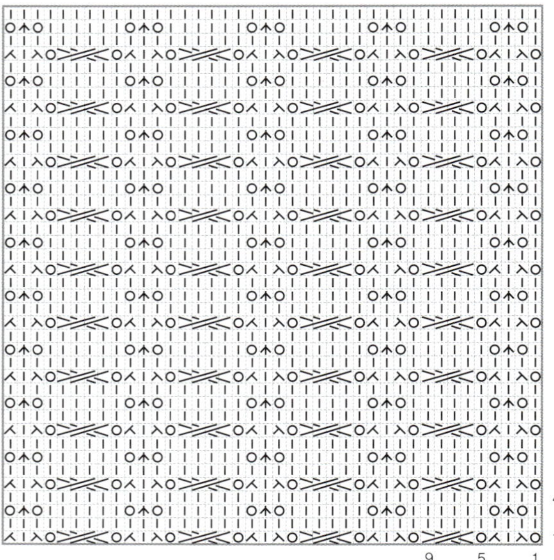

82 10코 8단 1무늬

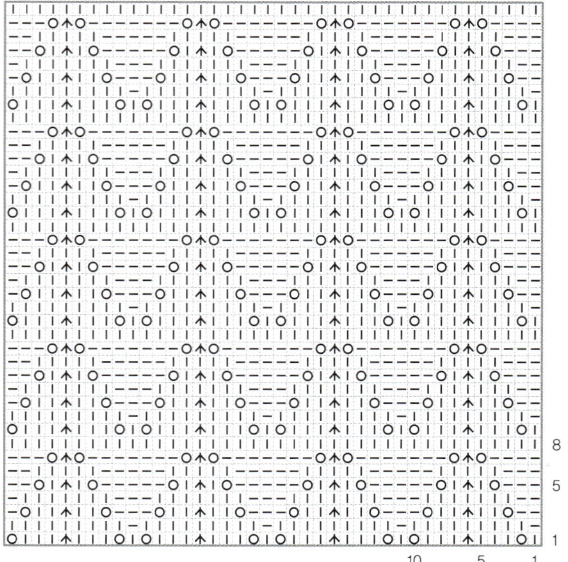

83 36코 16단 1무늬

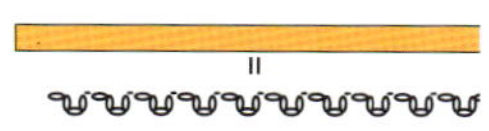

84 26코 24단 1무늬

 34코 24단 1무늬

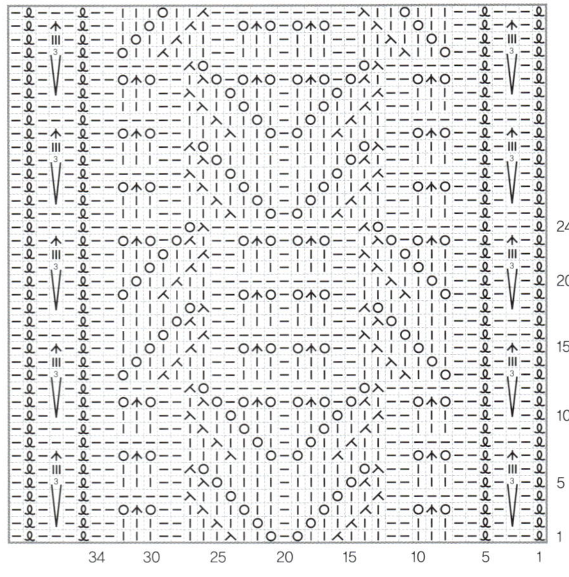

 29코 28단 1무늬

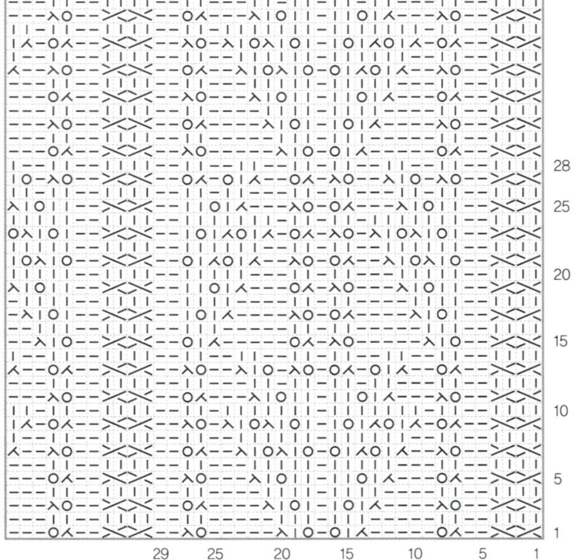

87 22코 28단 1무늬

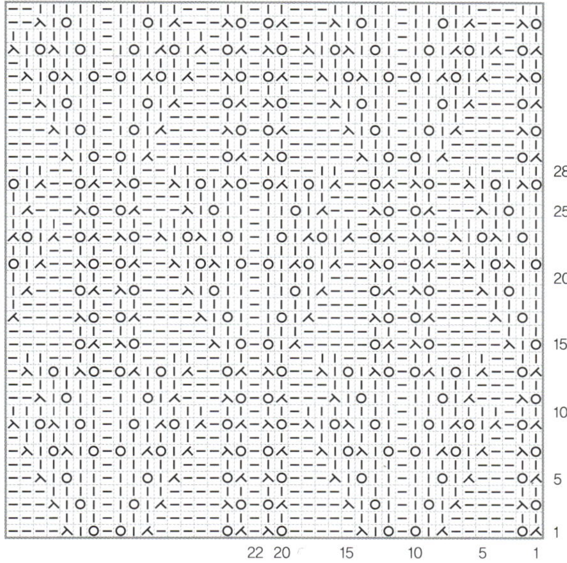

88 32코 28단 1무늬

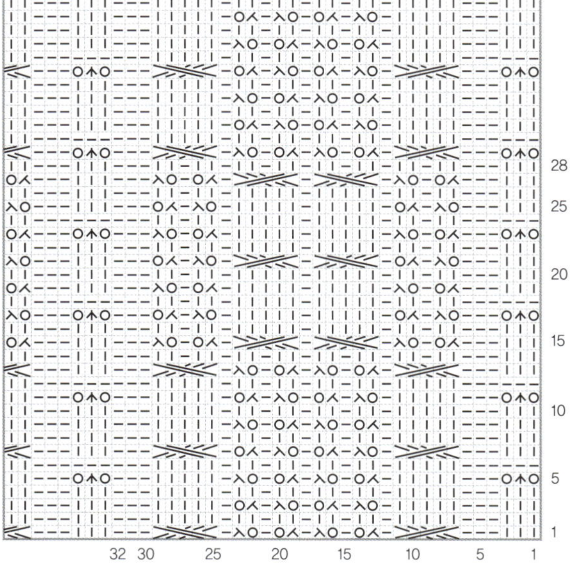

89   16코 30단 1무늬

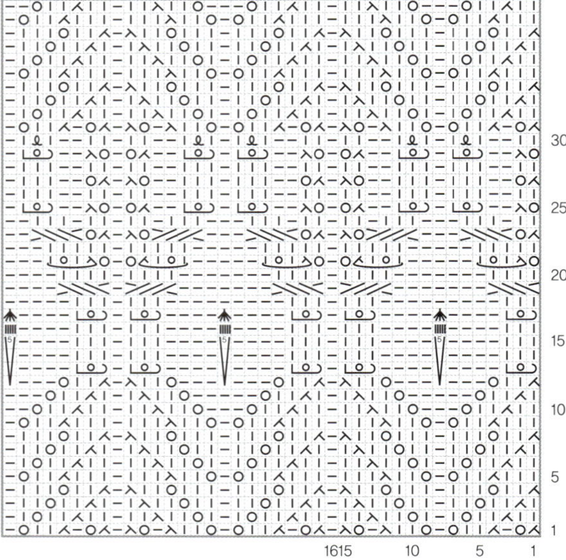

90   26코 36단 1무늬

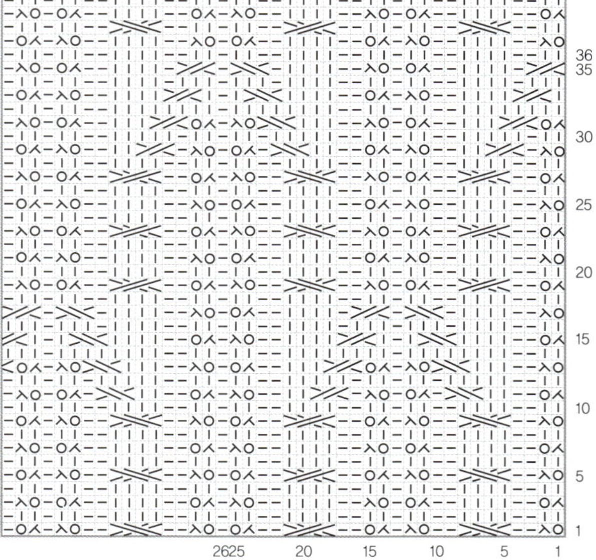

91 · 25코 30단 1무늬

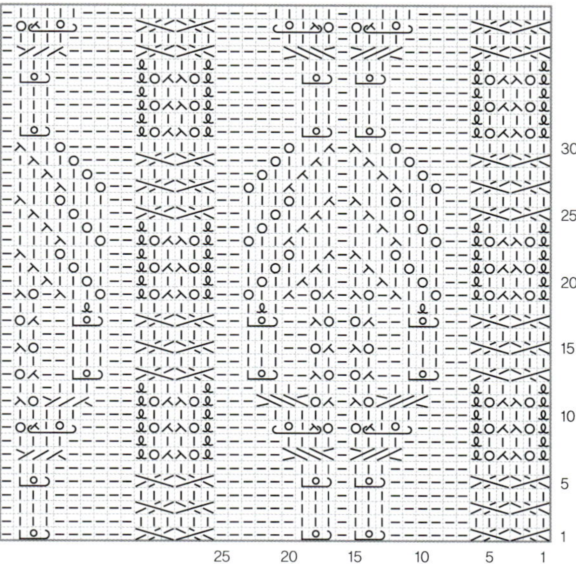

92 · 8코 18단 1무늬

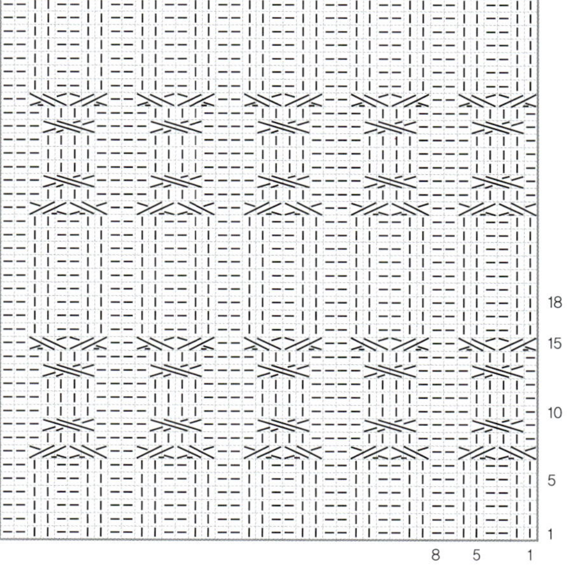

8코 16단 1무늬

 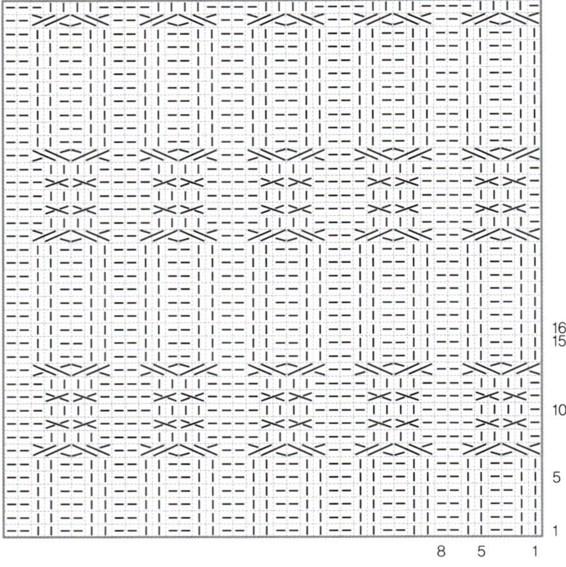

16코 22단 1무늬

 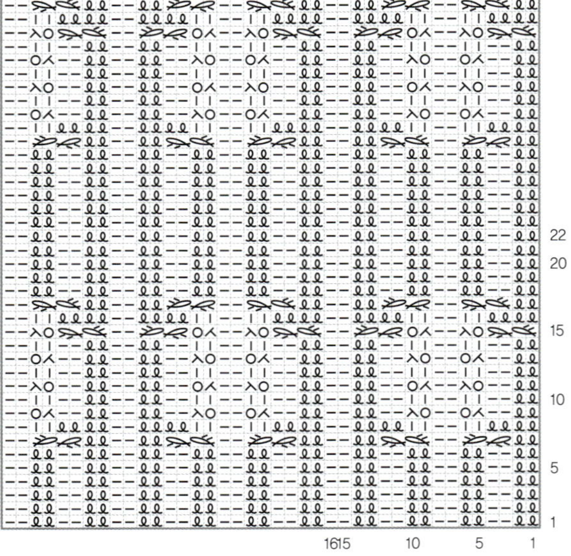

95 4코 18단 1무늬

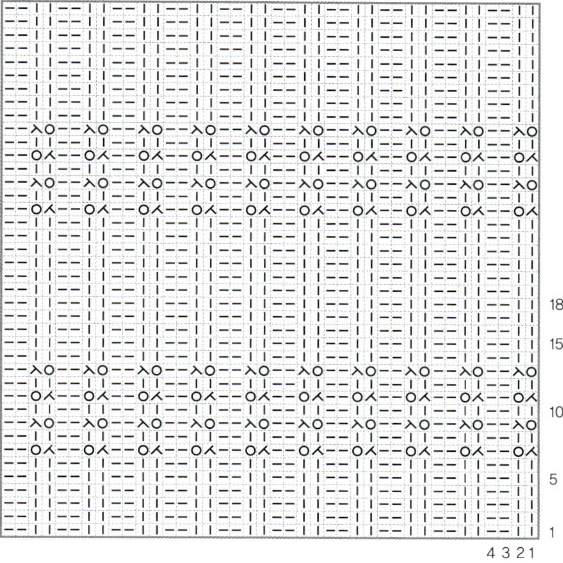

96 24코 22단 1무늬

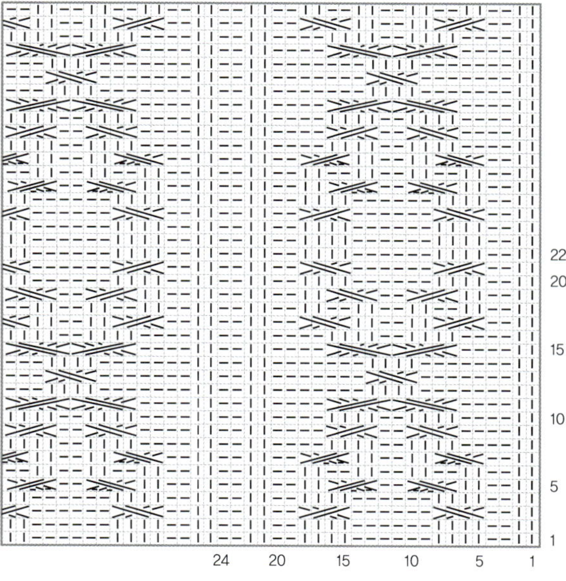

97 · 31코 34단 1무늬

□ = ―

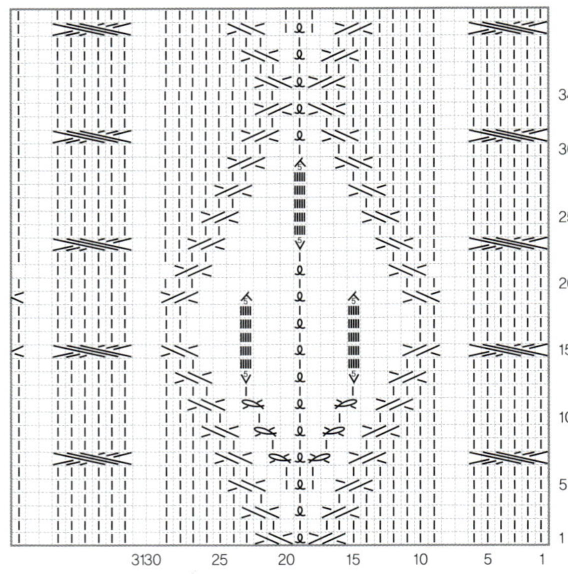

98 · 39코 38단 1무늬

□ = ―

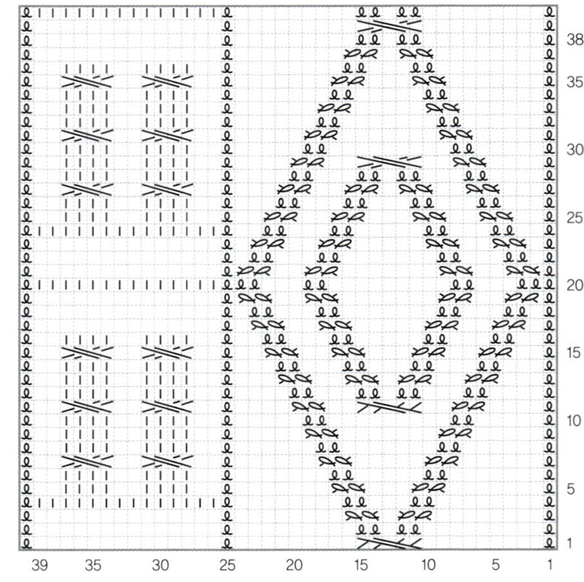

99　40코 8단 1무늬

□ = ─

100　37코 24단 1무늬

□ = ─

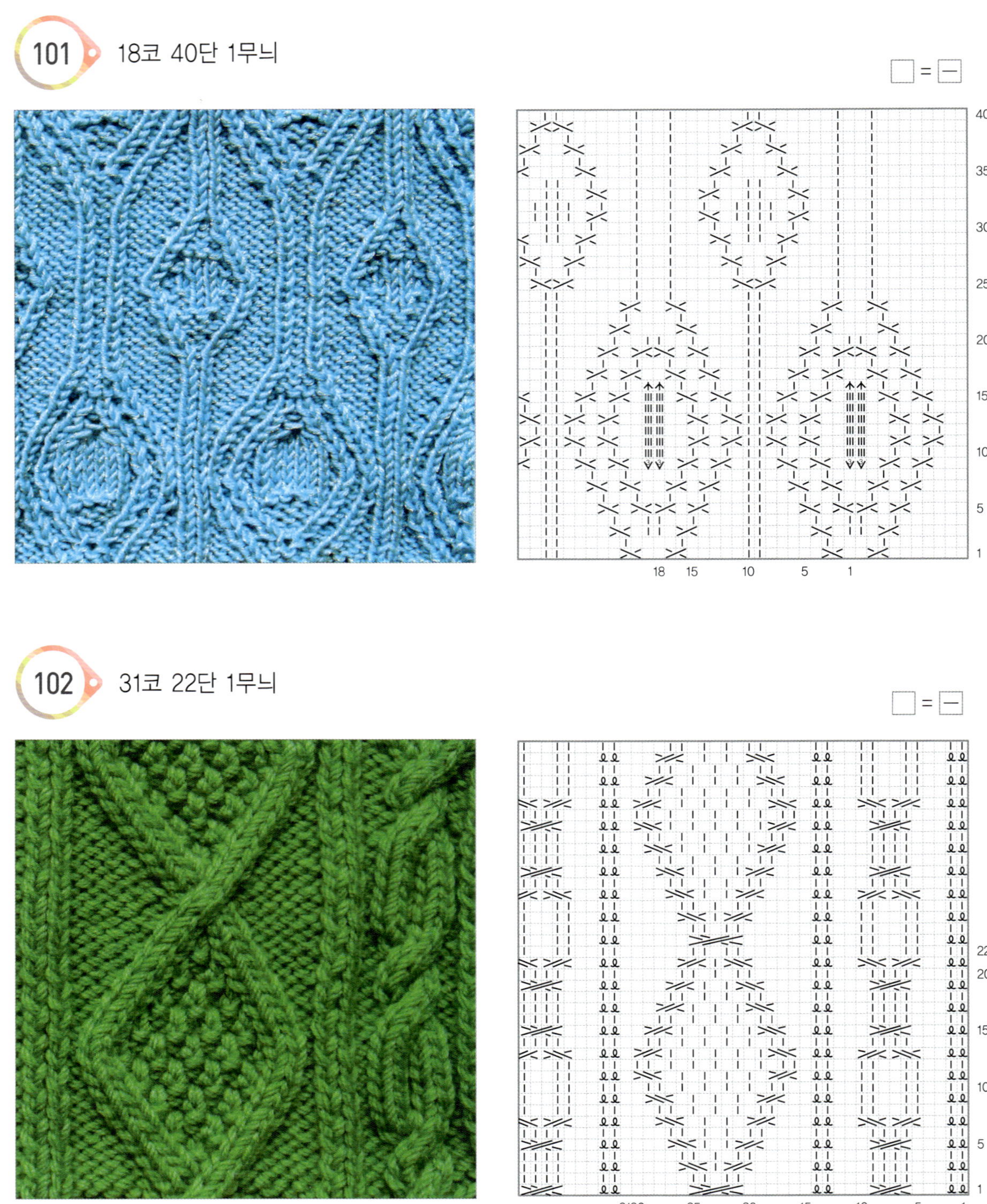

101
18코 40단 1무늬
□ = □

102
31코 22단 1무늬
□ = □

103 · 20코 32단 1무늬

$\square = \boxed{-}$

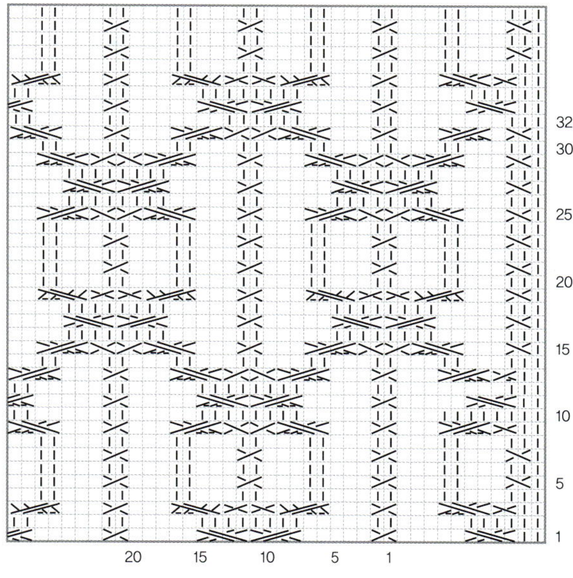

104 · 14코 32단 1무늬

$\square = \boxed{-}$

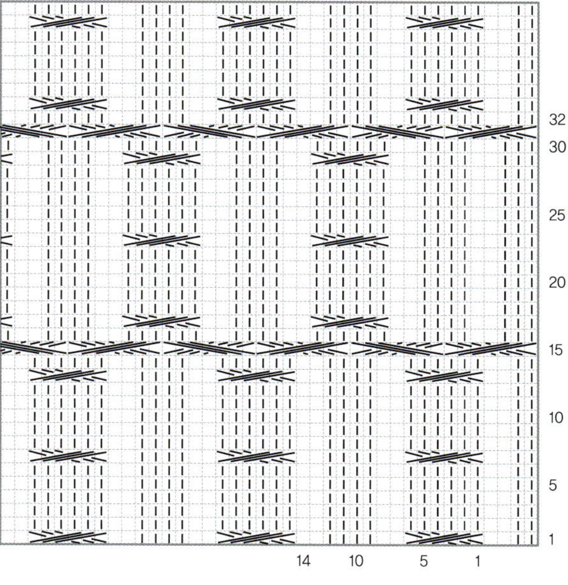

□ = －

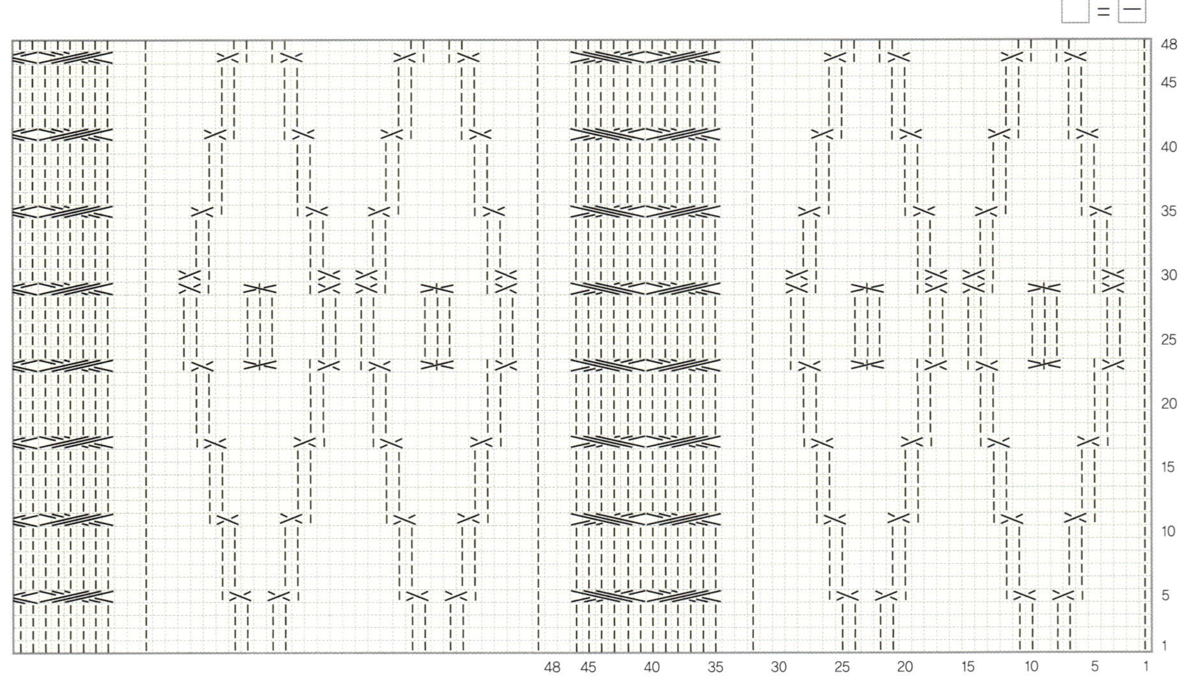

106 71코 36단 1무늬

$\square = \boxed{-}$

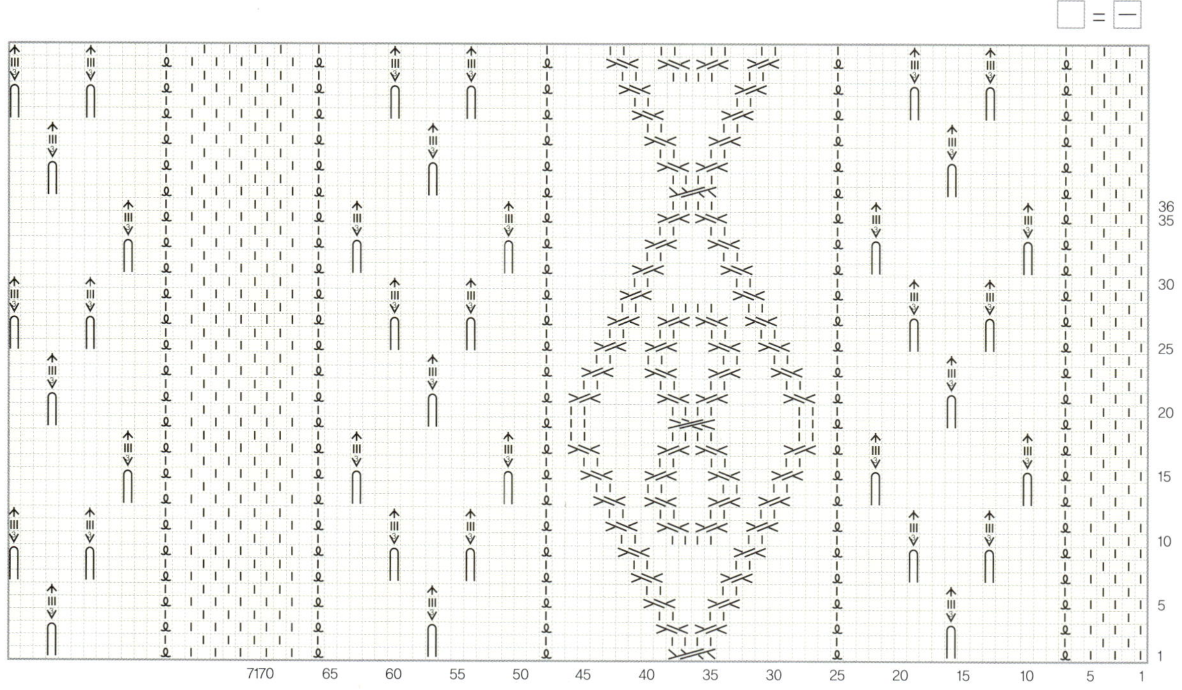

 76코 28단 1무늬

□ = ―

108 · 70코 24단 1무늬

□ = ─

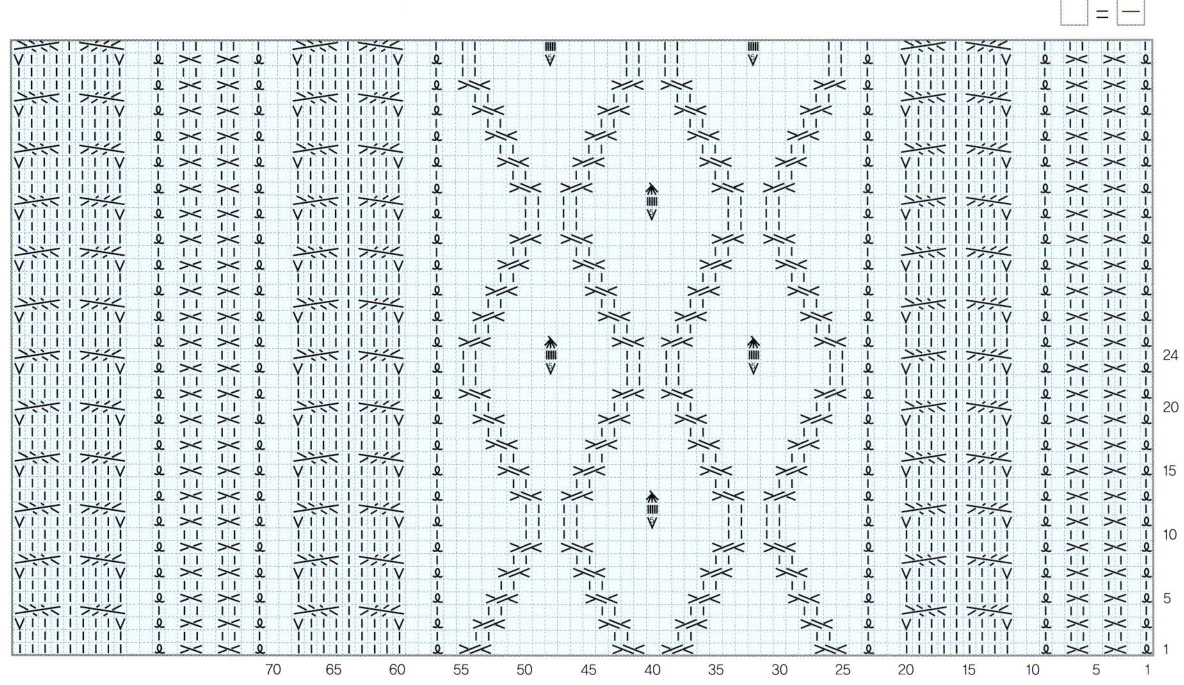

□ = —

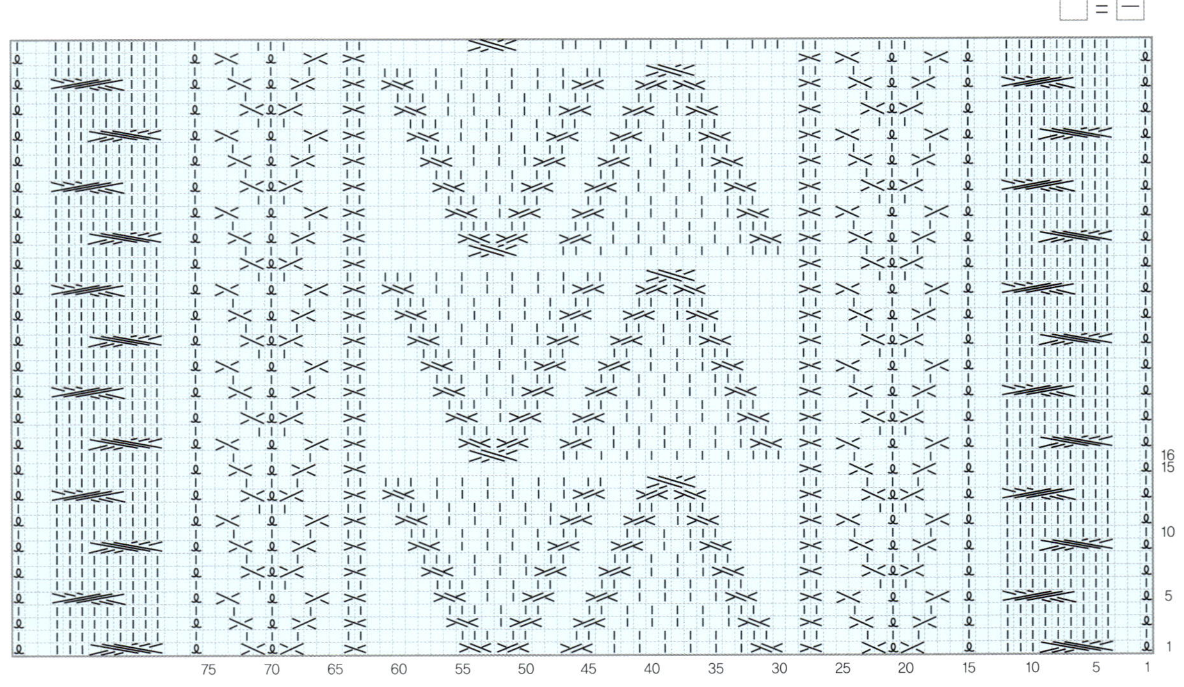

110   86코 8단 1무늬

$\square = \boxed{-}$

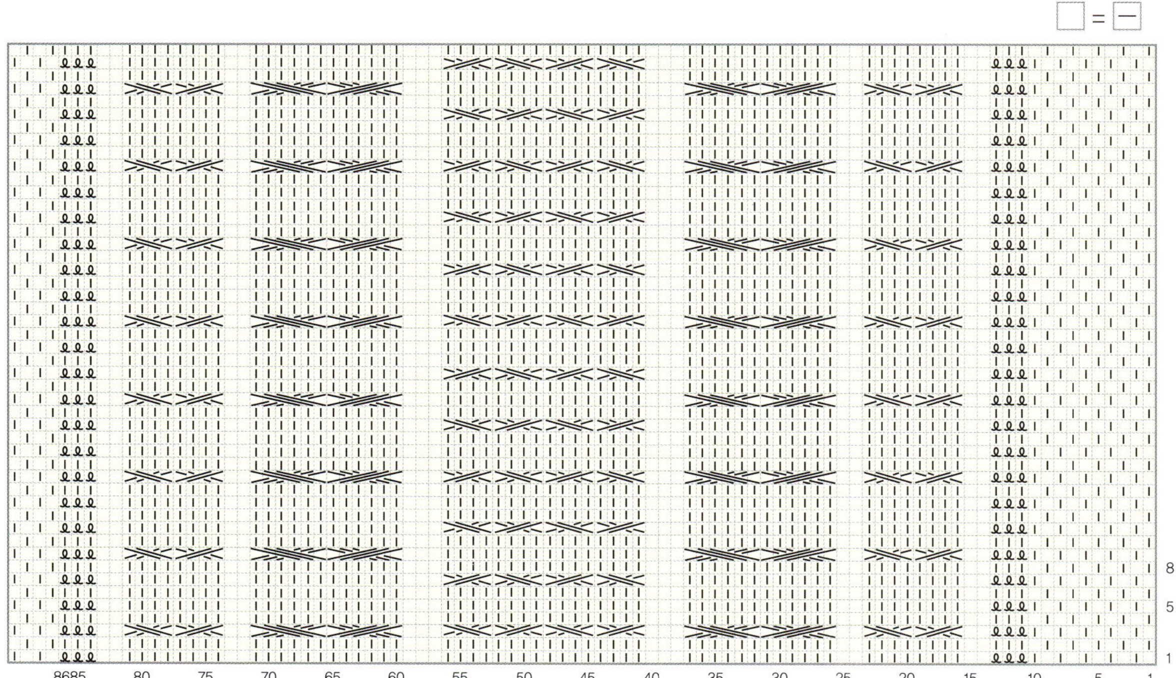

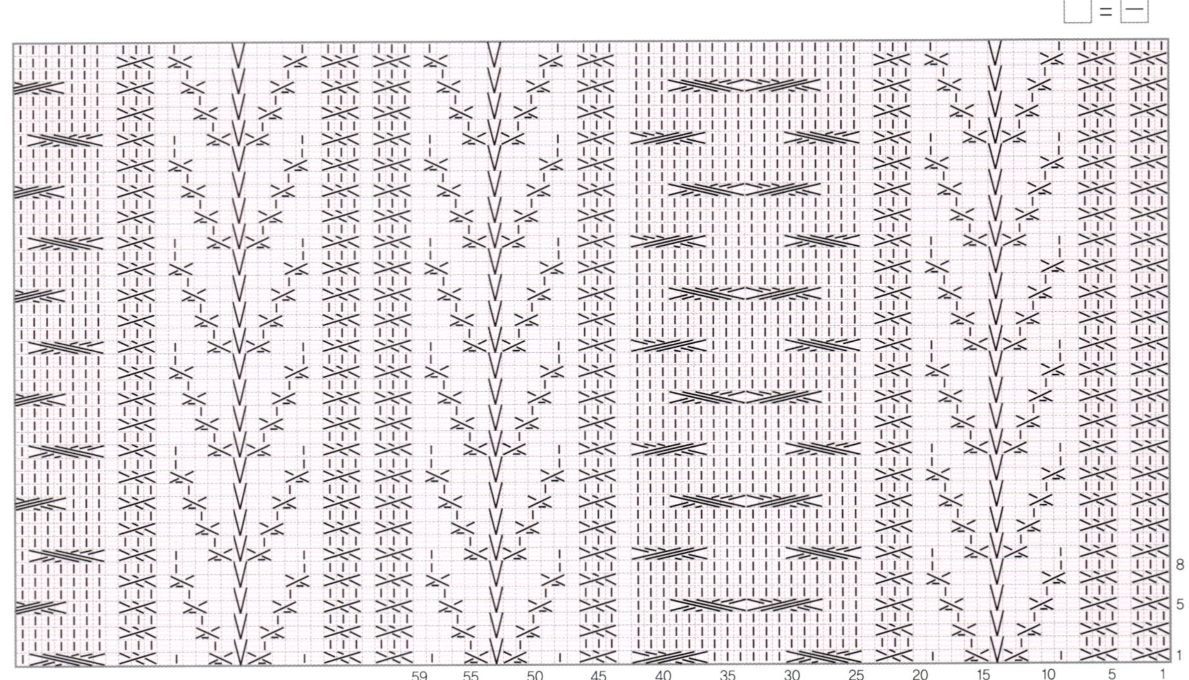

112 83코 12단 1무늬

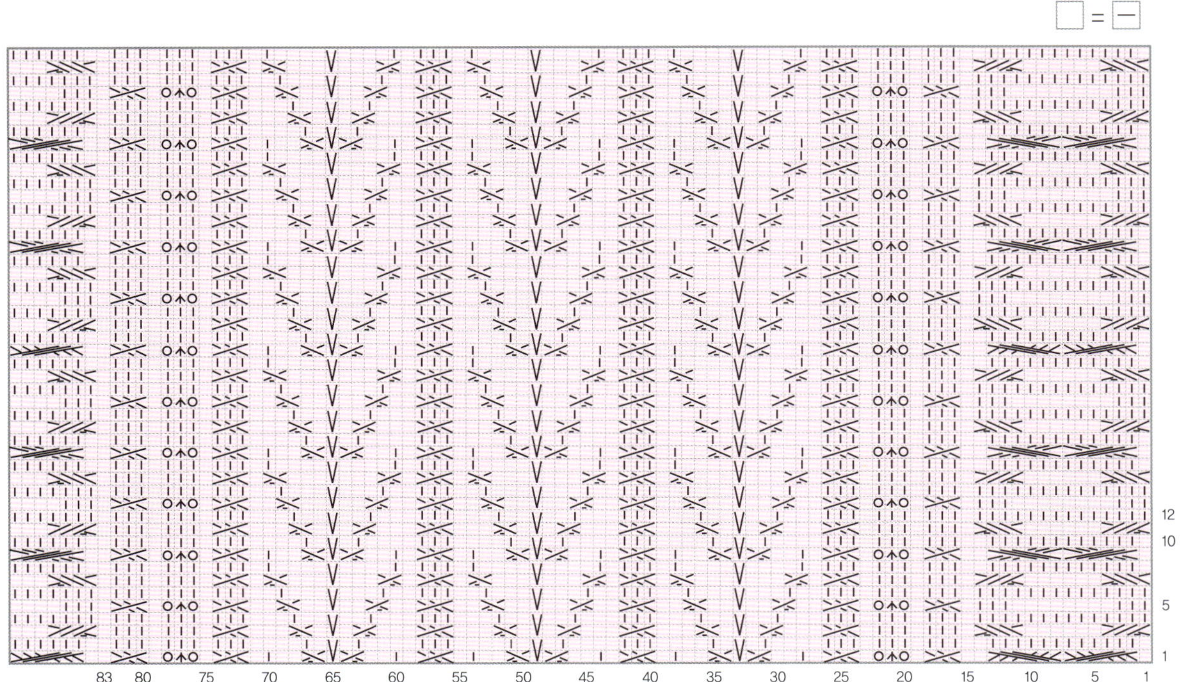

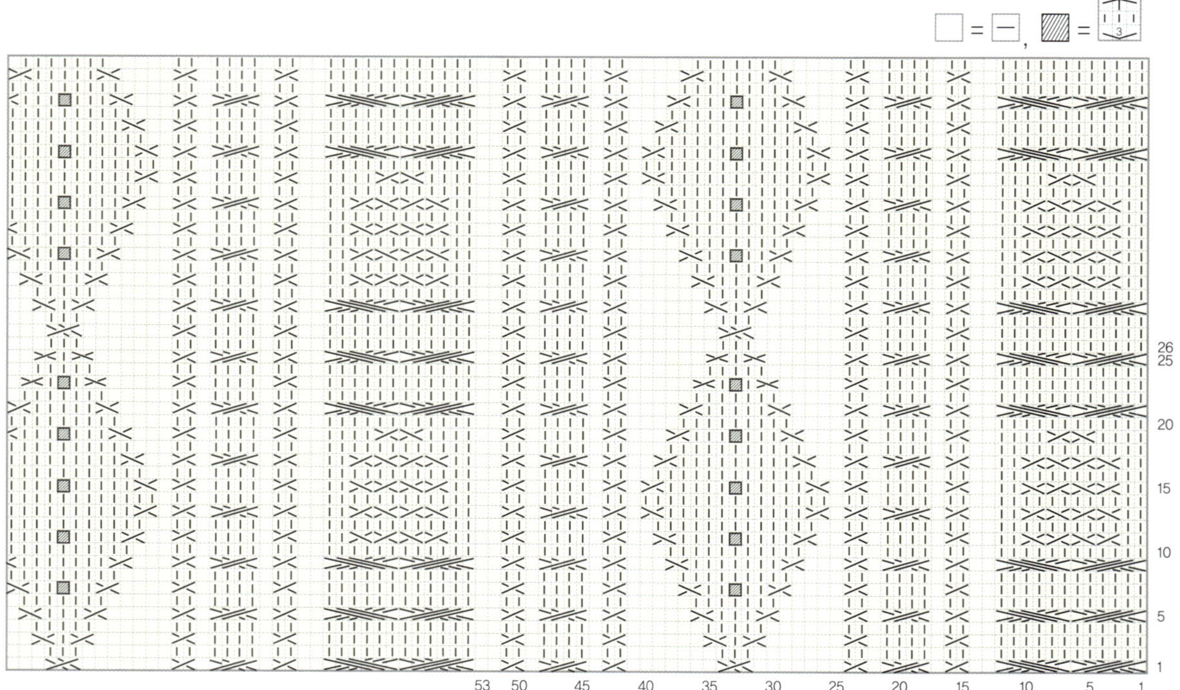

114 64코 20단 1무늬

$\square = \boxed{-}$

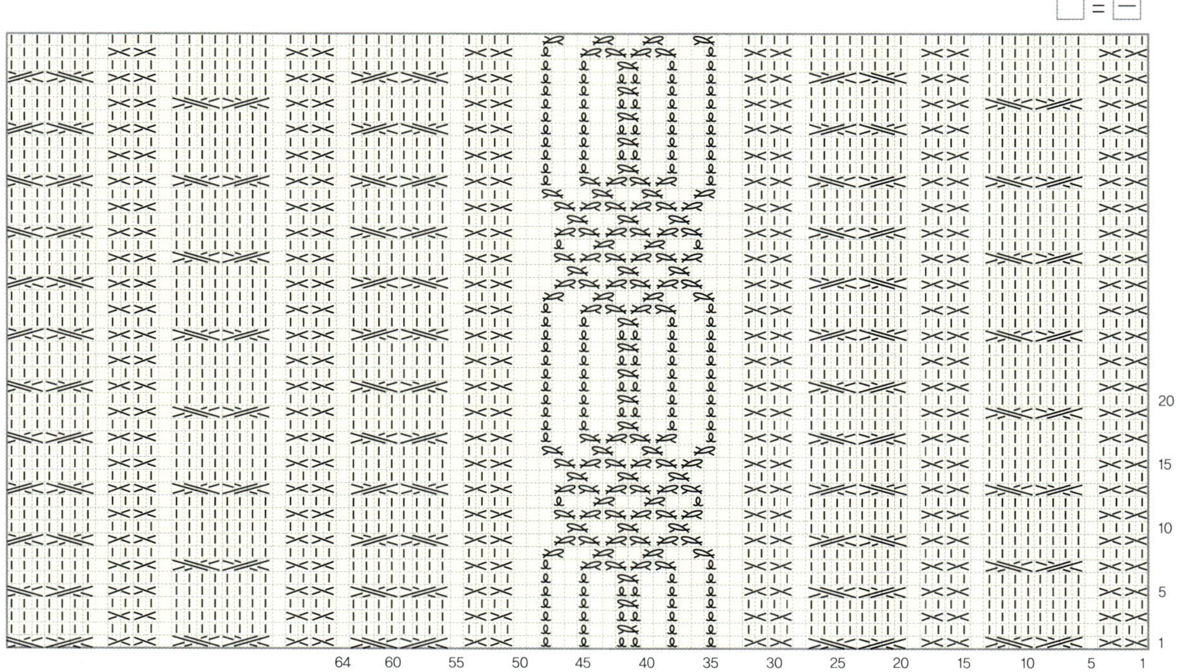

$\square = \boxed{-}$

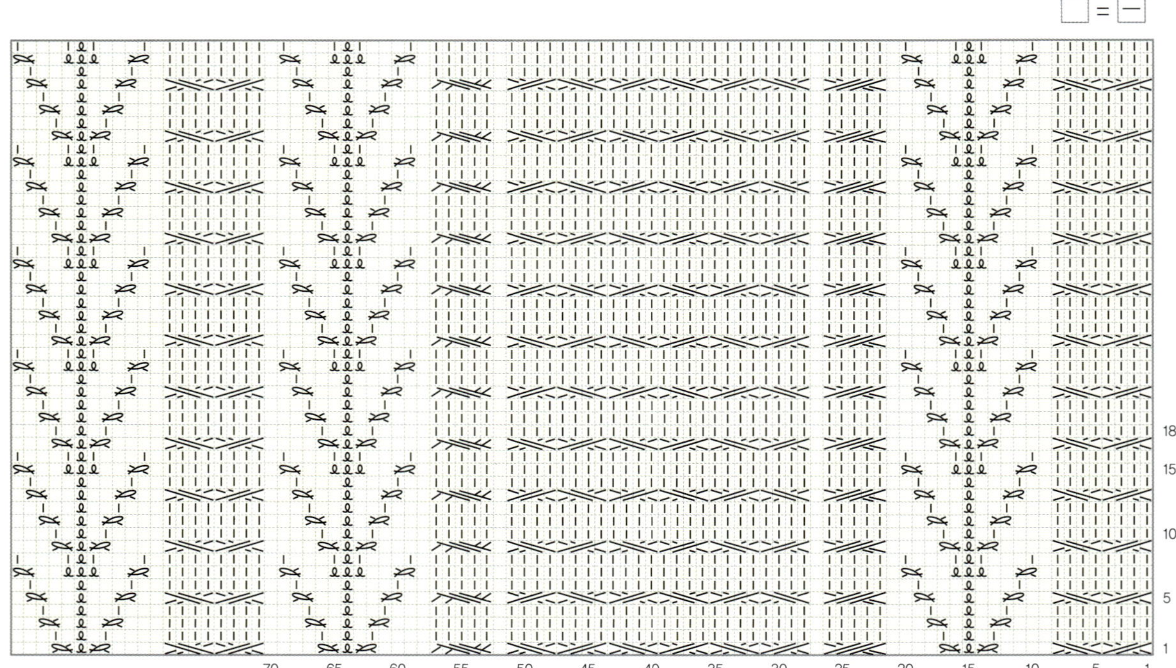

116 76코 24단 1무늬

□ = —

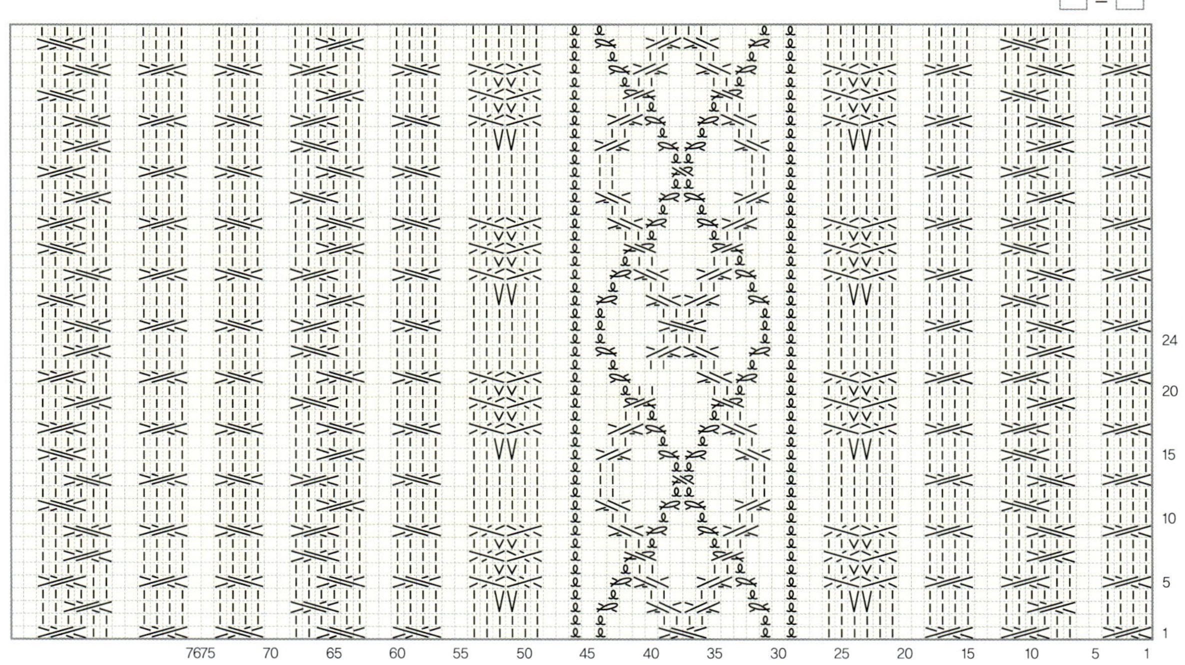

117 62코 16단 1무늬

$$\square = \boxed{-}$$

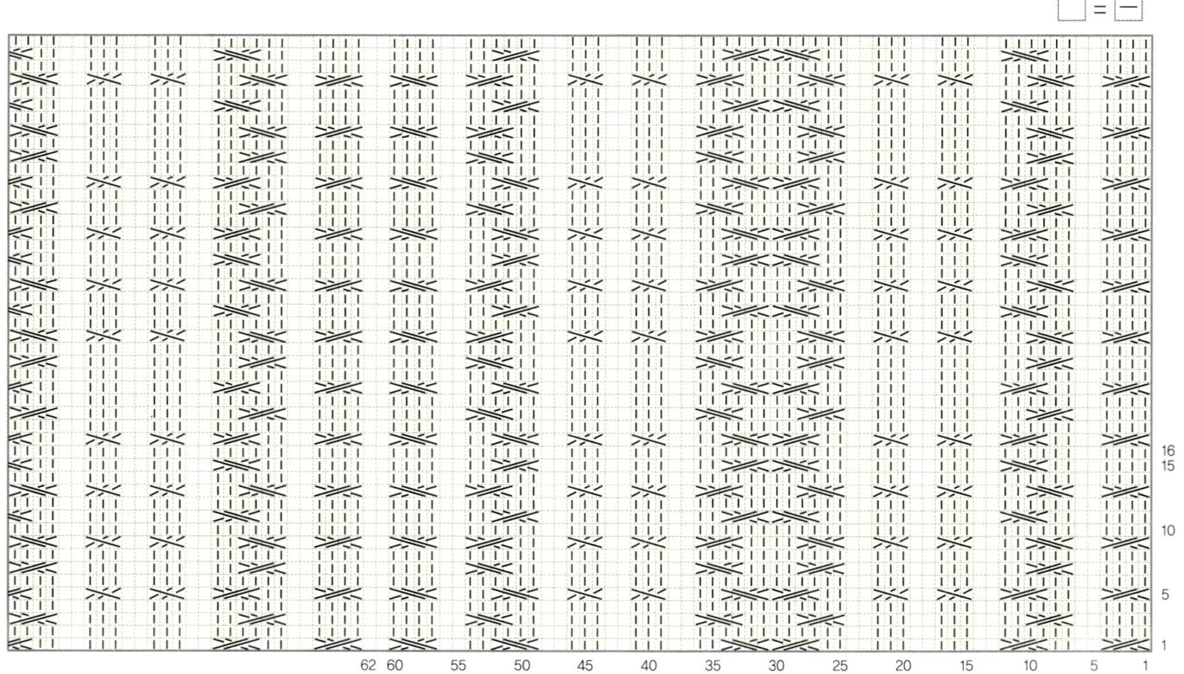

118 65코 40단 1무늬

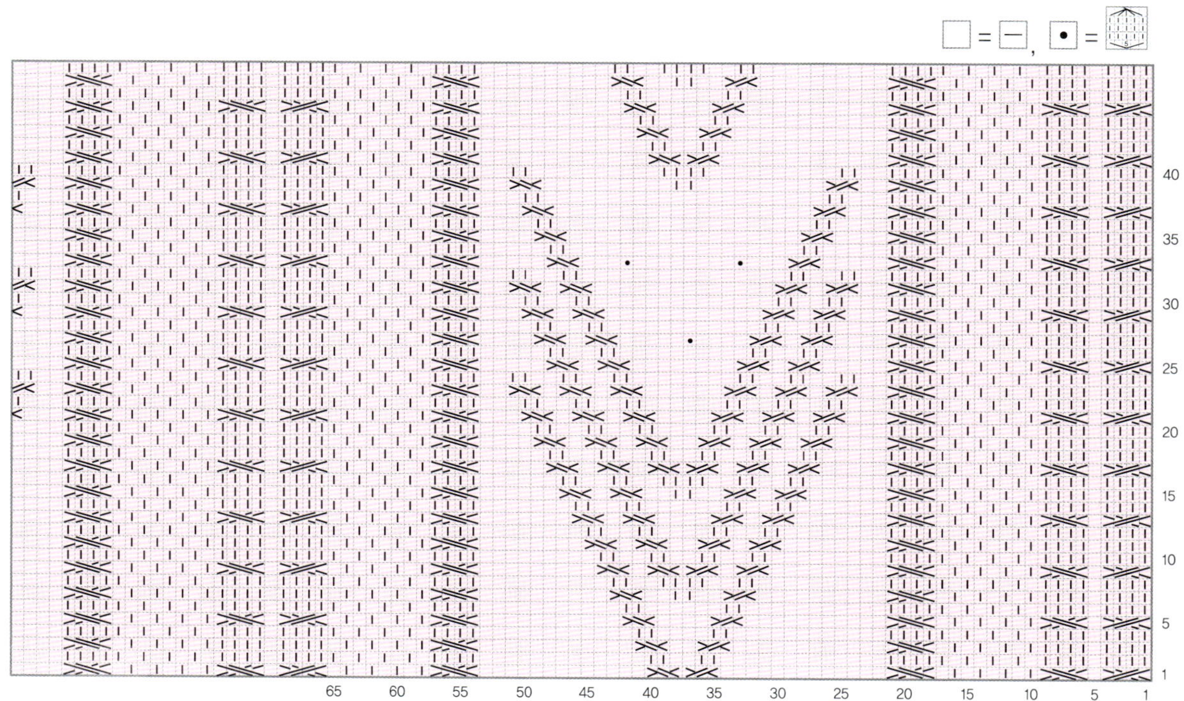

□ = □

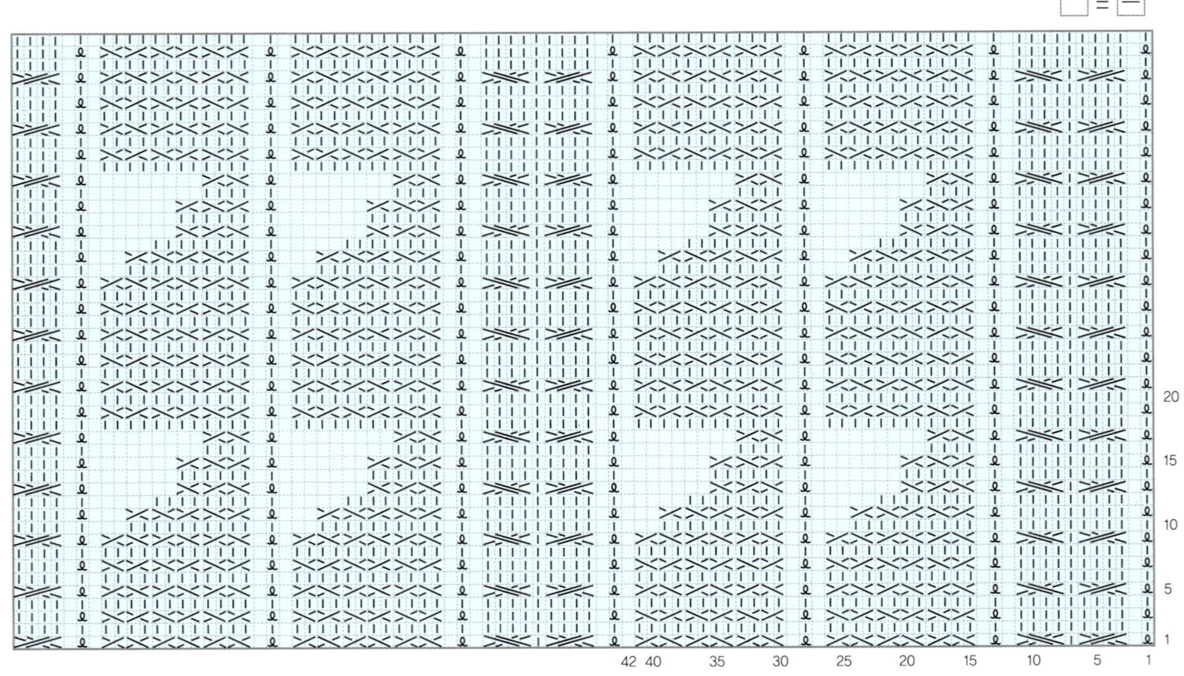

 **120** 78코 30단 1무늬

□ = ─

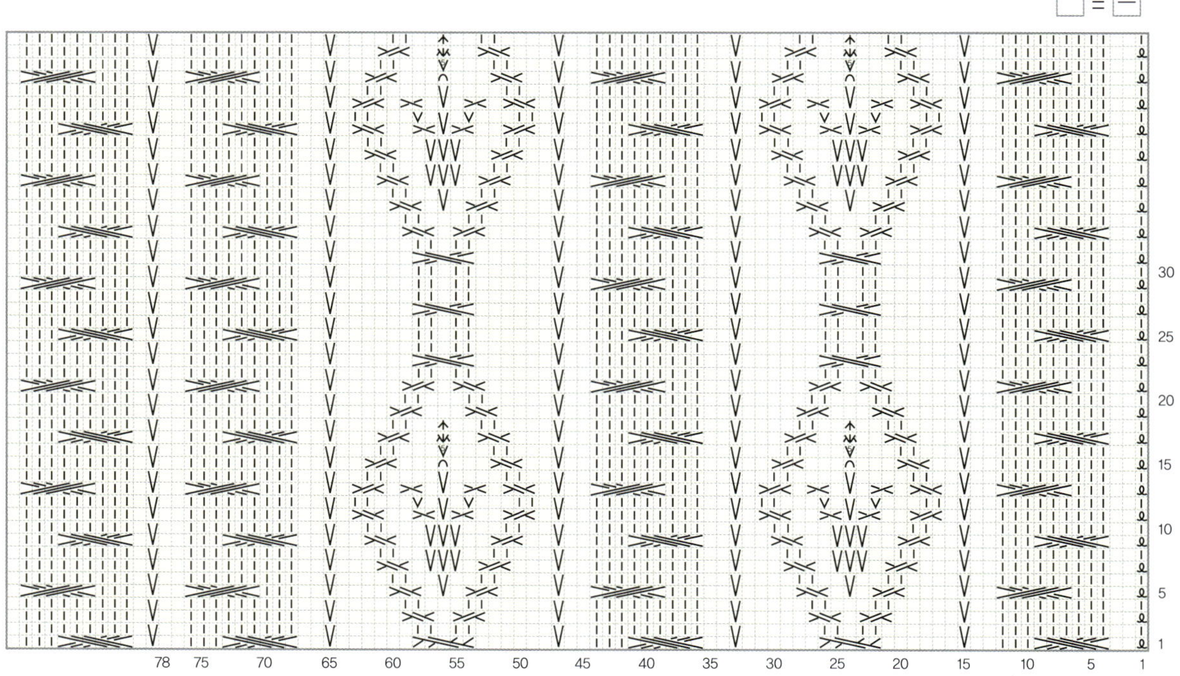

121 64코 16단 1무늬

□ = −

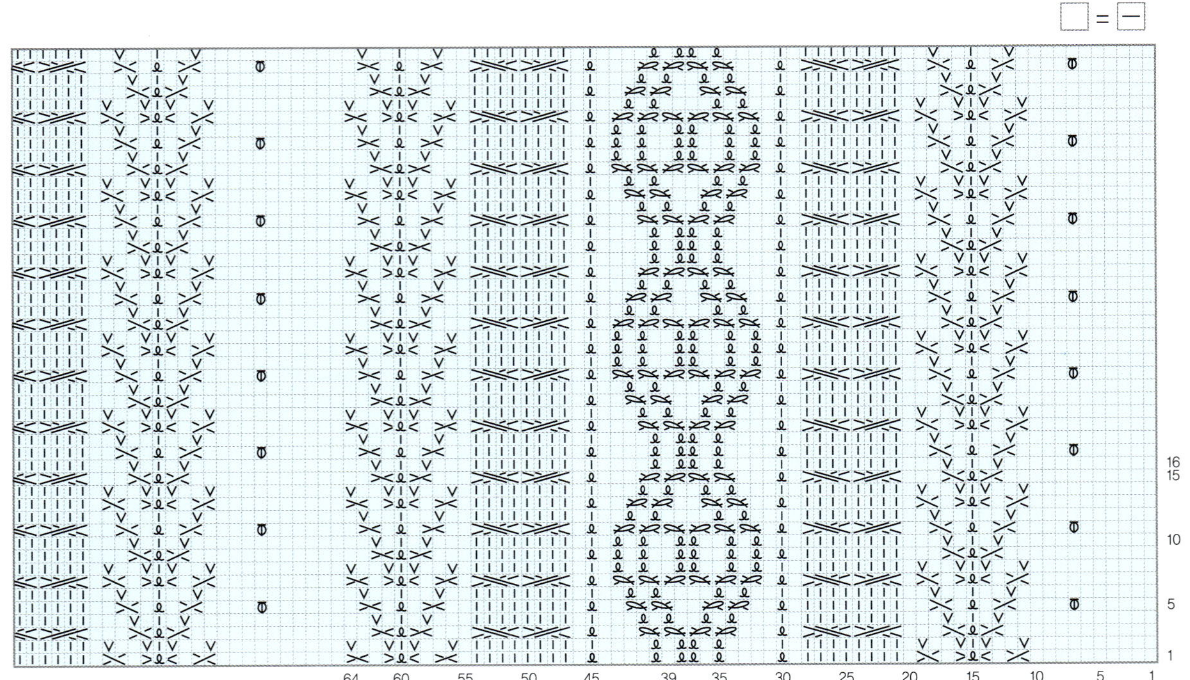

 **122** 76코 36단 1무늬

□ = —

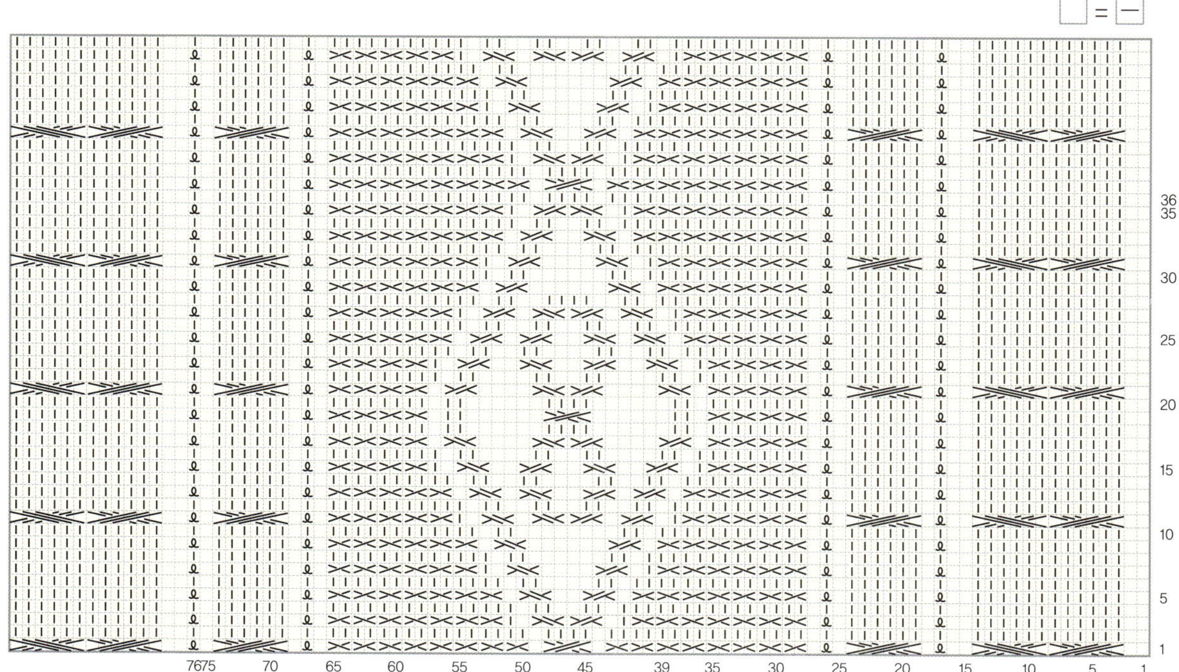

□ = —

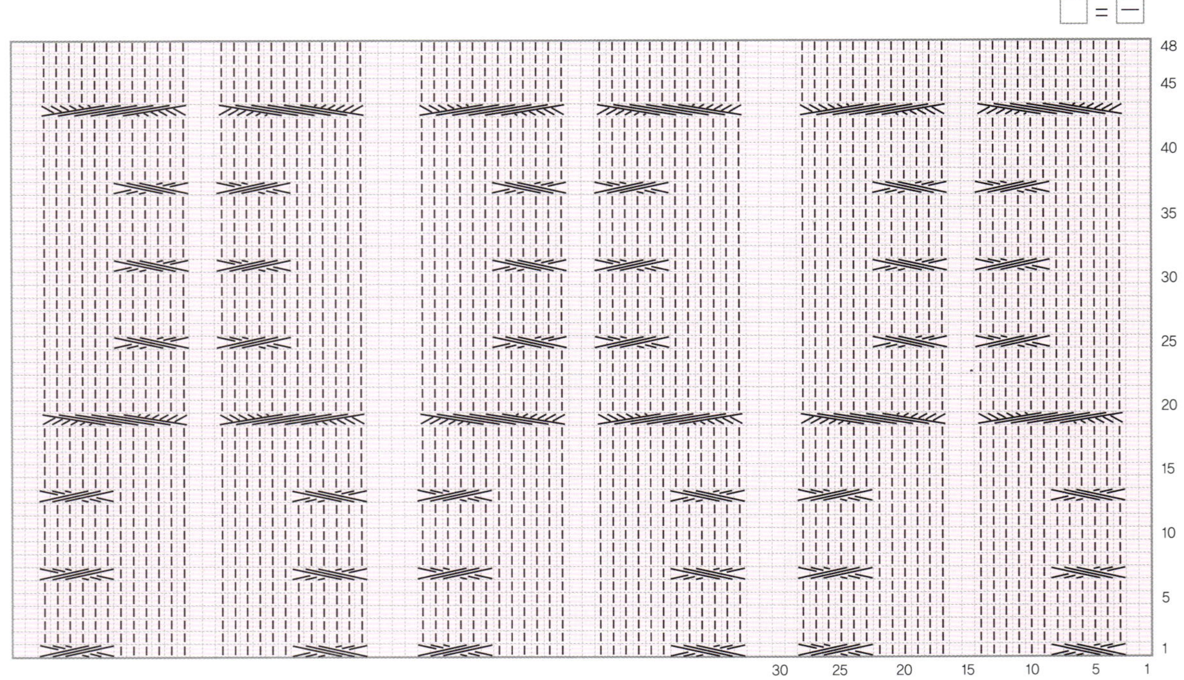

124 58코 30단 1무늬

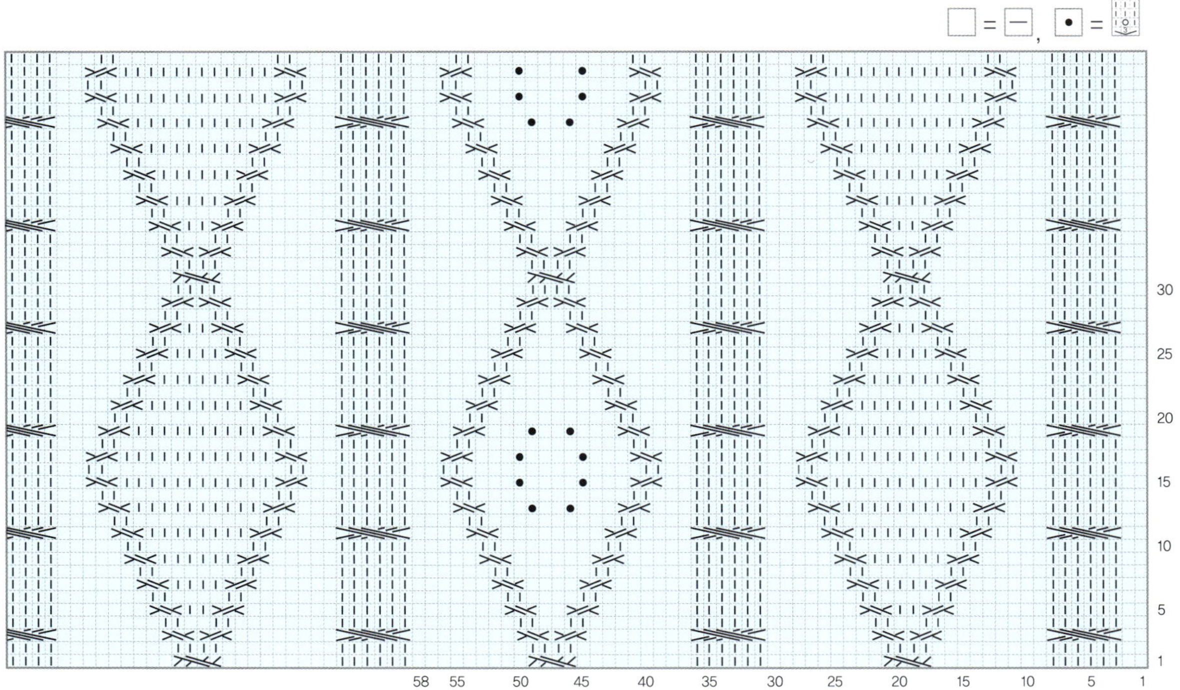

 59코 16단 1무늬

□ = ⊟

59 55 50 45 40 35 30 25 20 15 10 5 1

16
15

10

5

1

126   28코 48단 1무늬

$\square = \boxed{-}$

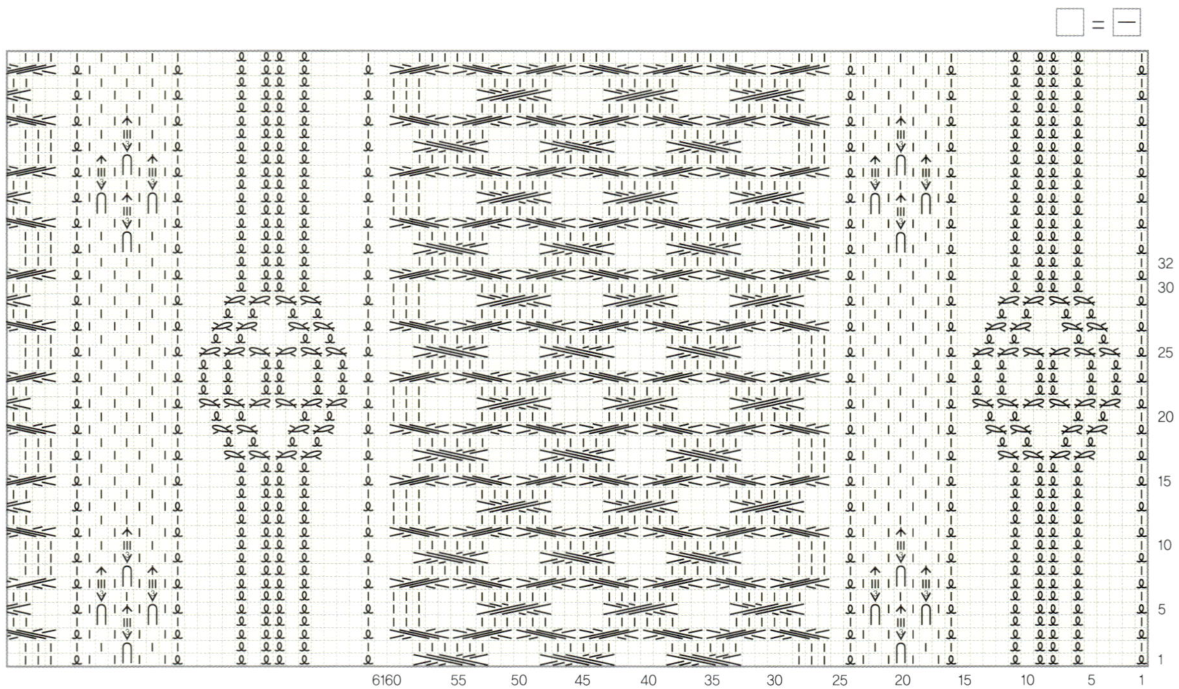

128 20코 60단 1무늬

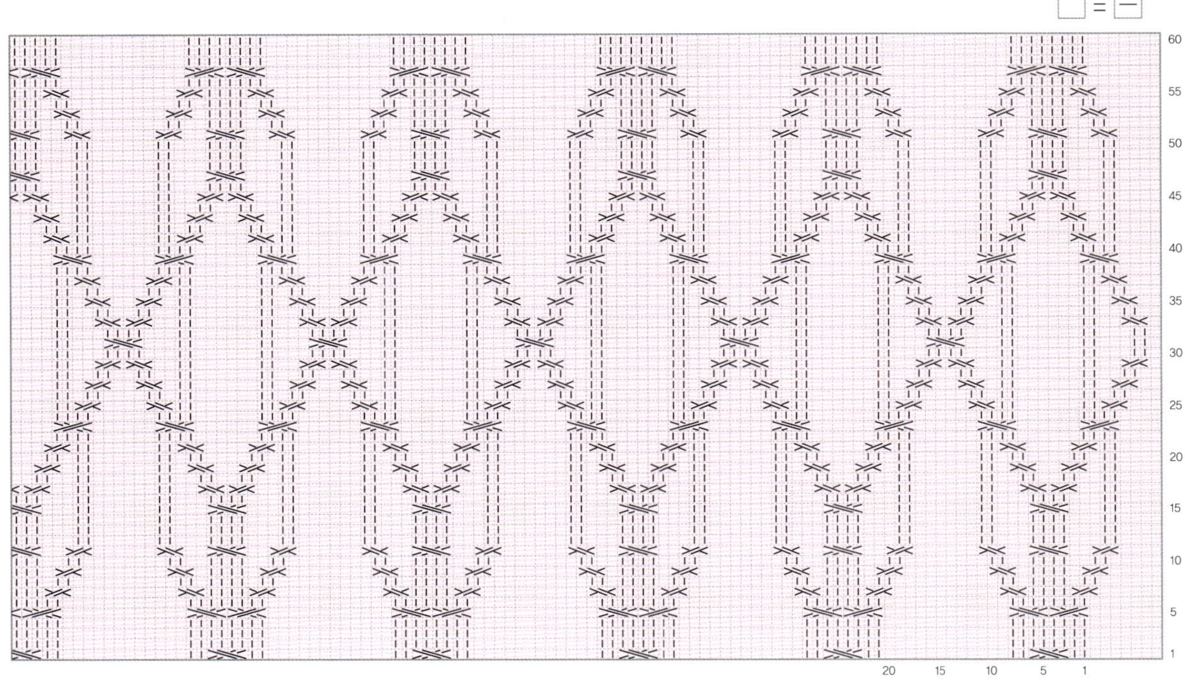

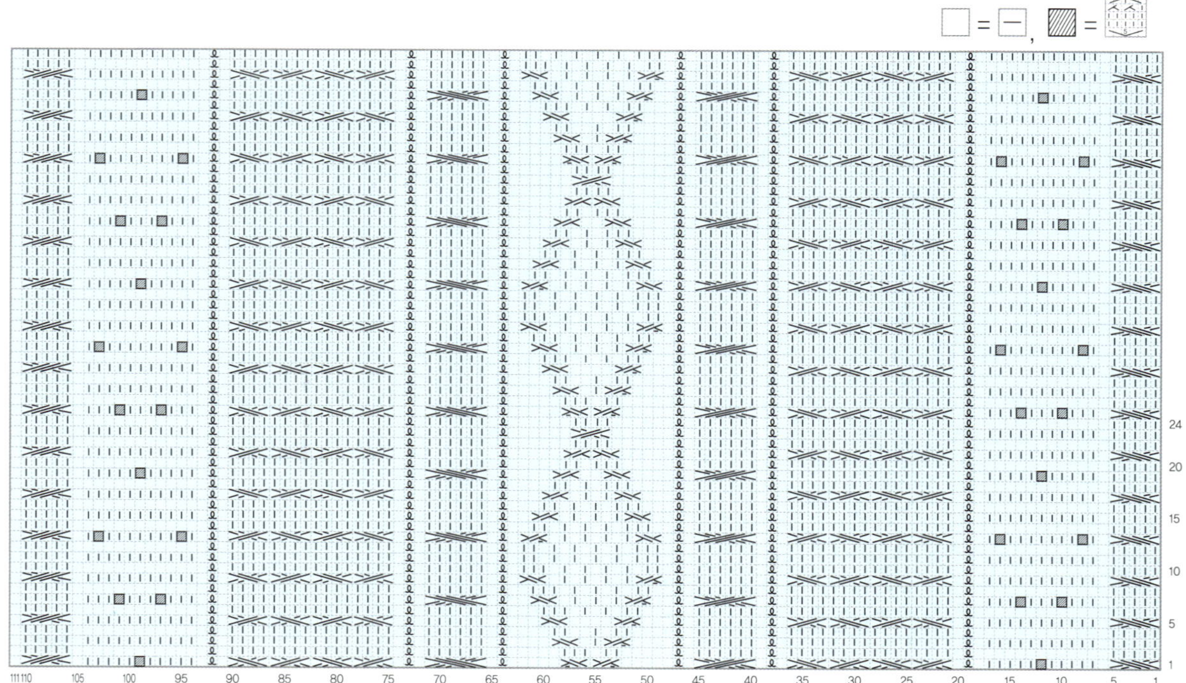

130 16코 56단 1무늬

$\square = \boxed{-}$

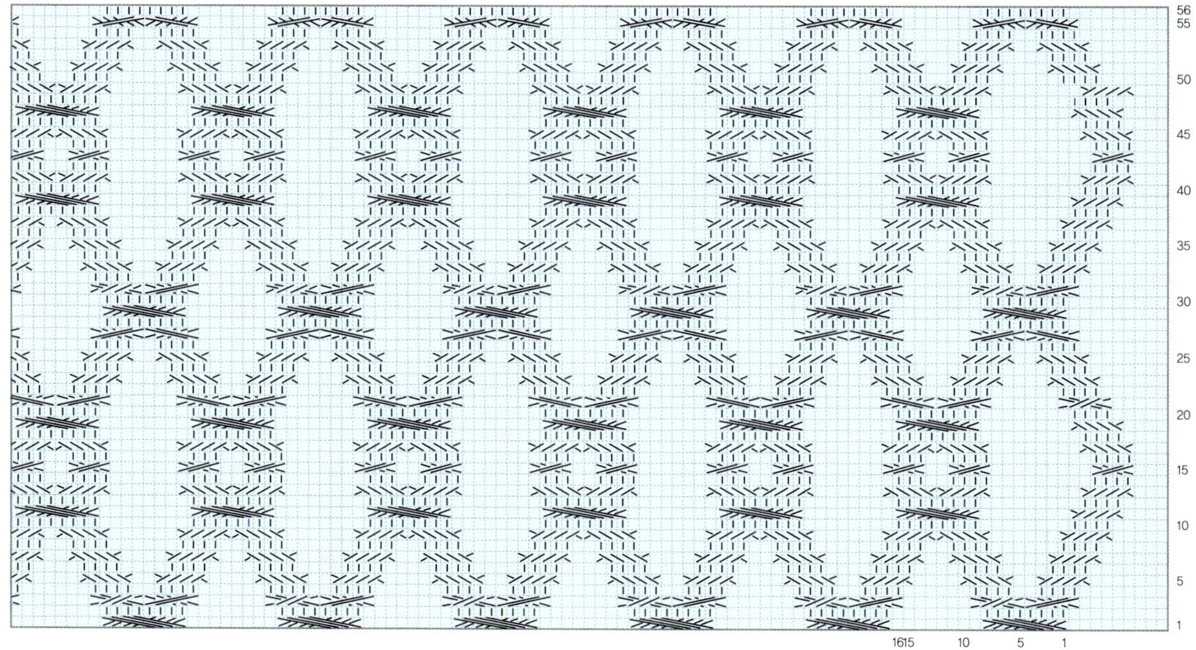

131 67코 78단 1무늬

□ = ―

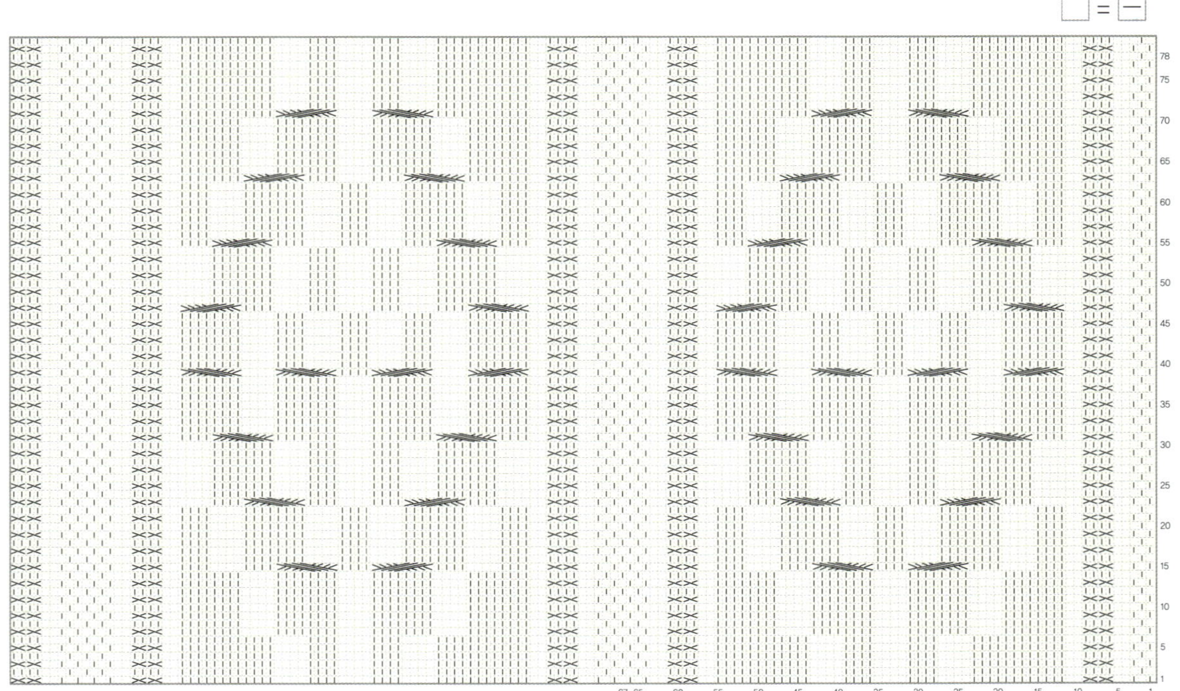

67 65　60　55　50　45　40　35　30　25　20　15　10　5　1

132 109코 10단 1무늬

$\square = \boxed{-}$

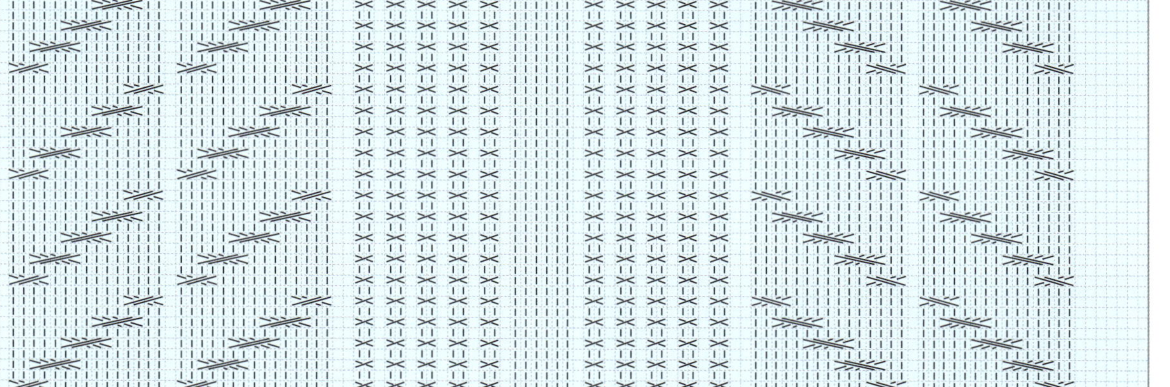

133 13코 19단 1무늬

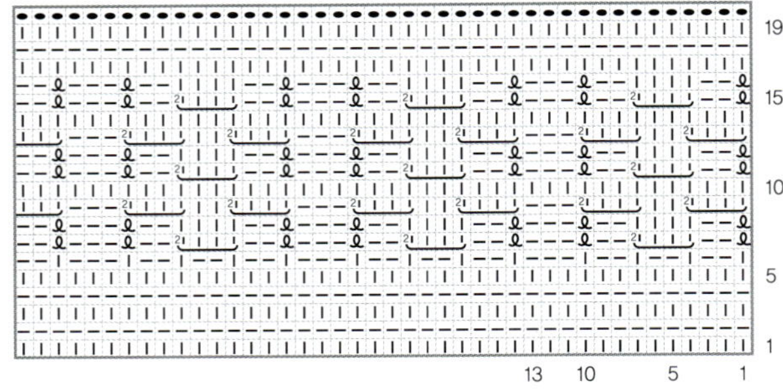

134 22코 19단 1무늬

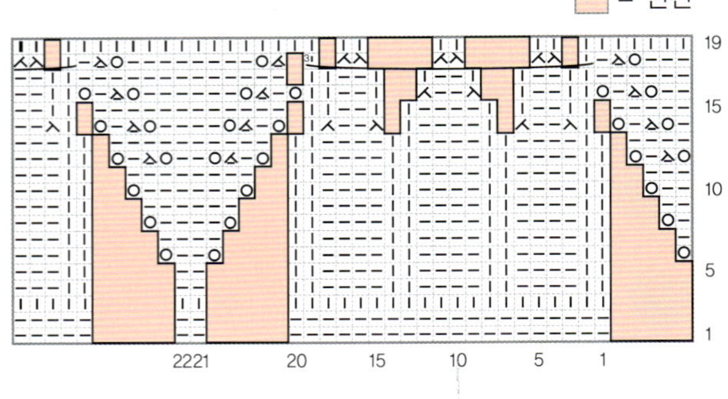

135 18코 23단 1무늬

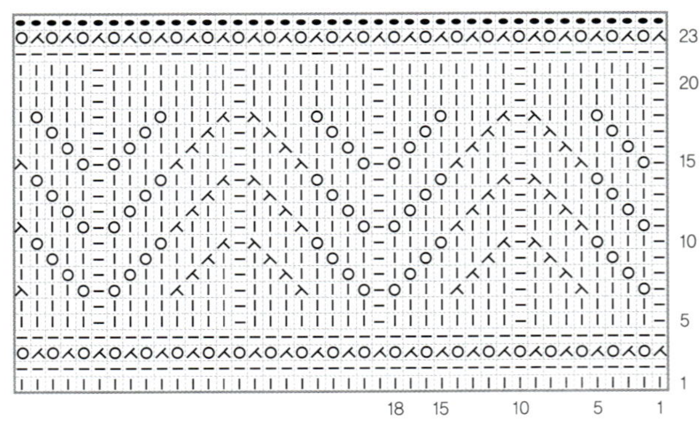

136   12코 20단 1무늬

대바늘 무늬뜨기를 활용한 소품

대바늘 무늬뜨기를 활용한 패션

69번 무늬뜨기 활용

7번 무늬뜨기 활용

69번 무늬뜨기 활용

코바늘 뜨기

기호	설명	기호	설명
○	사슬뜨기		1길 긴뜨기 3코 방울뜨기
+	짧은뜨기		1길 긴뜨기 3코 구멍에 넣어 방울뜨기
T	긴뜨기		1길 긴뜨기 5코 방울뜨기
	1길 긴뜨기		1길 긴뜨기 5코 구멍에 넣어 방울뜨기
	2길 긴뜨기		1길 긴뜨기 5코 팝콘뜨기
	3길 긴뜨기		1길 긴뜨기 5코 구멍에 넣어 팝콘뜨기
	4길 긴뜨기		1길 긴뜨기 5코 모아뜨기
	사슬 3코 피코뜨기	V	1코에 1길 긴뜨기 2코 떠넣기
	사슬 3코 빼뜨기 피코	V	구멍에 1길 긴뜨기 2코 떠넣기
	1길 긴뜨기 2코 모아뜨기		1코에 1길 긴뜨기 3코 떠넣기
	1길 긴뜨기 2코 구멍에 넣어 방울뜨기		구멍에 1길 긴뜨기 3코 떠넣기
	1길 긴뜨기 3코 모아뜨기		1코에 1코 간격 1길 긴뜨기 2코뜨기

	1코에 3코 간격 1길 긴뜨기 2코뜨기		1길 긴뜨기 안으로 걸어뜨기
	1코에 1길 긴뜨기 4코뜨기		7보뜨기
	구멍에 1길 긴뜨기 5코뜨기		긴뜨기 3코 방울뜨기
	1코에 1길 긴뜨기 5코 부채모양 뜨기		긴뜨기 3코 2단 방울뜨기
	구멍에 1길 긴뜨기 5코 부채모양 뜨기		이중 방울뜨기
	1코에 1길 긴뜨기 1코 간격 4코뜨기 (셸뜨기)		1코 간격 Y자 뜨기
	구멍에 1길 긴뜨기 2코 간격 6코뜨기 (셸뜨기)		2코 간격 X자 뜨기
	1길 긴뜨기 겉으로 걸어뜨기		거꾸로 Y자 뜨기

1.  사슬뜨기

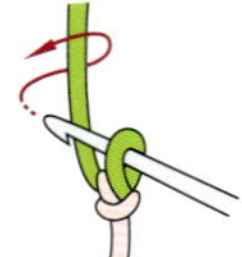 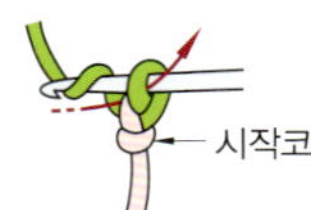 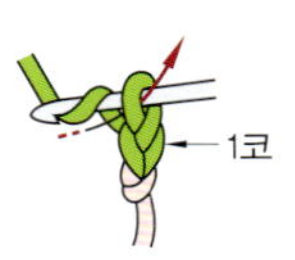 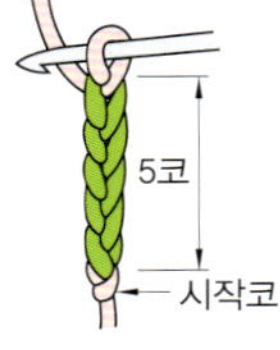 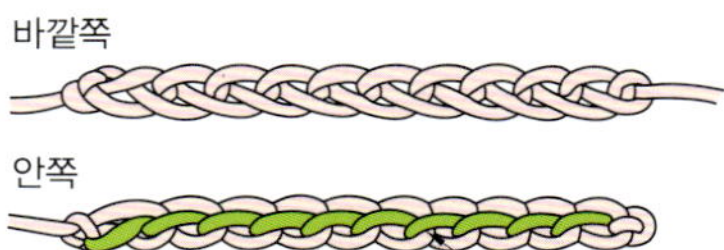

❶ 화살표 방향으로 바늘에 실을 감는다.

❷ 고리의 중심으로 실을 꺼낸다.

❸ 실을 걸어서 2코를 뜬다.

❹ 시작코는 1코로 세지 않는다.

❺ 사슬뜨기 코의 바깥쪽과 안쪽이다. 사슬뜨기 코 만들기에서 코를 주울 때 보통 사슬의 뒷고리에서 1개씩 줍는다.

2.  짧은뜨기

 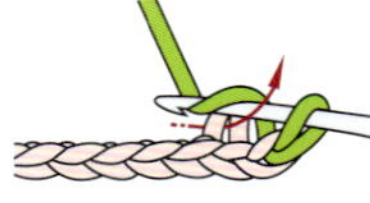  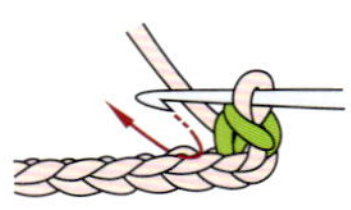 

❶ 사슬 1코를 세워서 2코째 뒷고리에 바늘을 넣는다.

❷ 바늘에 실을 걸어서 화살표와 같이 빼낸다.

❸ 한번 더 실을 걸어서 2개의 고리를 한번에 빼낸다.

❹ 짧은뜨기 1코를 뜬다.

❺ ❶~❸을 반복하면 짧은뜨기 3코가 떠진다.

3.  긴뜨기

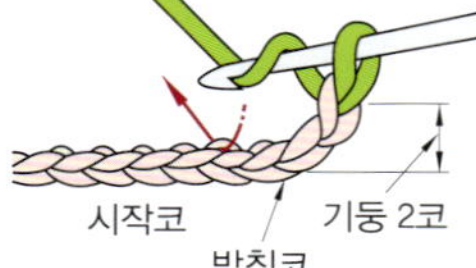 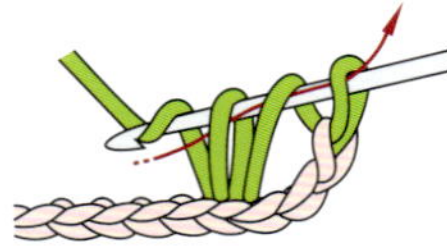 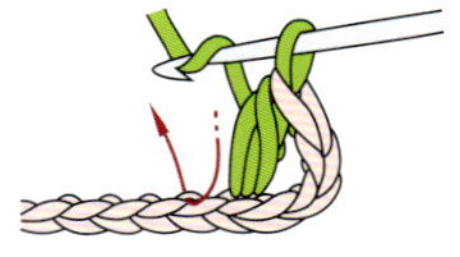 

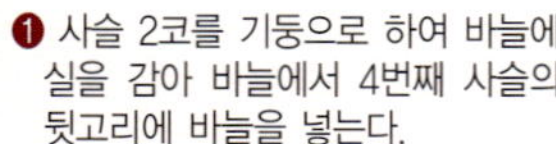

❶ 사슬 2코를 기둥으로 하여 바늘에 실을 감아 바늘에서 4번째 사슬의 뒷고리에 바늘을 넣는다.

❷ 실을 걸어서 고리를 빼내고, 3개의 고리를 한번에 빼낸다.

❸ 긴뜨기 1코를 완성한 후, 다음 코를 화살표 위치에 넣어 뜬다.

❹ 기둥을 1코로 셀 수 있으므로 긴뜨기 4코가 된다.

4. 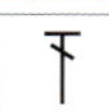 1길 긴뜨기

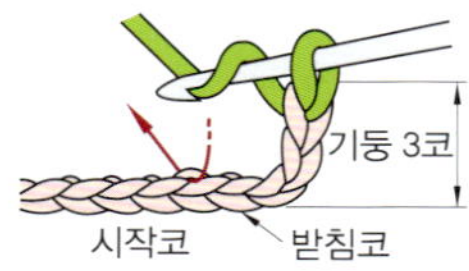  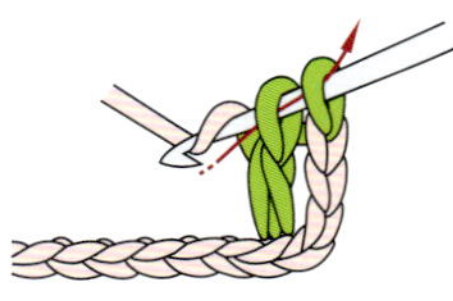 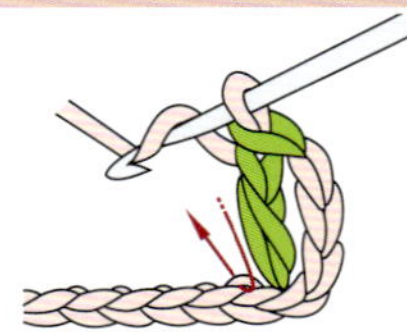

❶ 사슬 3코로 기둥을 세우고 바늘에 실을 감아 5코째 사슬 뒷고리에 넣는다.

❷ 실을 빼내서 다시 실을 걸어 고리 2개만 빼낸다.

❸ 한번 더 실을 걸어서 나머지 2개를 빼낸다.

❹ 1길 긴뜨기가 완성되면 다음 코에도 ❶~❸을 반복한다.

2길 긴뜨기

5

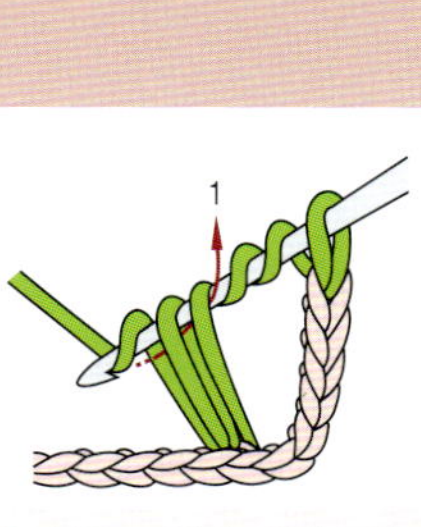

1 바늘에 실을 2번 감아 6번째 코 뒷고리에 넣는다.

2 실을 빼면서 화살표와 같이 2개만 빼낸다.

3 다시 실을 화살표와 같이 2개씩 빼낸다.

4 다시 한번 실을 걸어서 나머지 2개를 빼낸다.

5 2길 긴뜨기가 완성되면 **1**~**4**를 다시 반복한다.

3길 긴뜨기

6

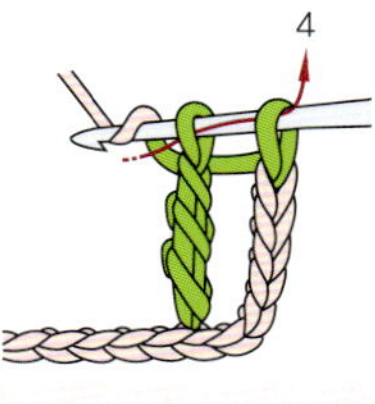

1 바늘에 실을 3번 감아서 7번째 사슬코 뒷고리에 넣는다.

2 실을 빼면서 화살표와 같이 2개 고리를 빼낸다.

3 실을 걸어서 화살표와 같이 2개씩 빼낸다.

4 마지막 2개를 빼내면 완성된다.

5 기둥을 1코로 셀 수 있으므로 4코가 된다.

4길 긴뜨기

7

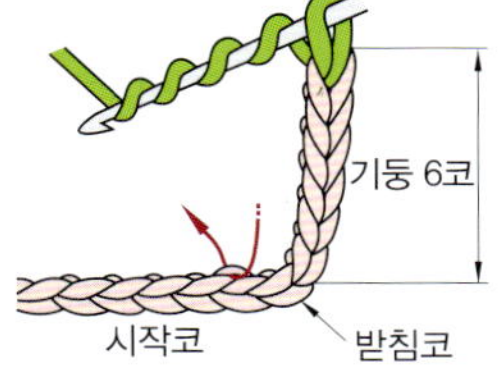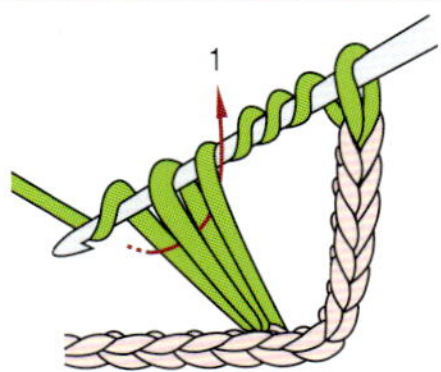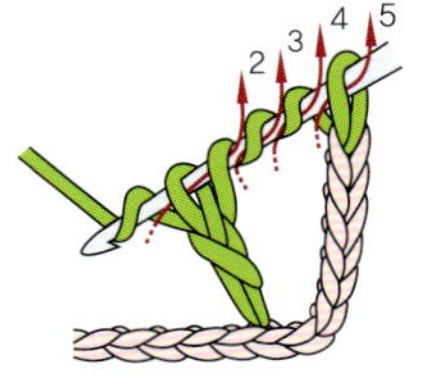

1 바늘에 실을 4번 감아서 8번째 사슬코 뒷고리에 넣는다.

2 고리를 빼내서 실을 걸고 또 2개를 빼낸다.

3 다음부터 실을 걸어서 2개를 빼내는 것을 4번 반복한다.

4 4길 긴뜨기 3코를 뜬다. 기둥을 포함해서 4코가 된다.

사슬 3코 피코뜨기

8

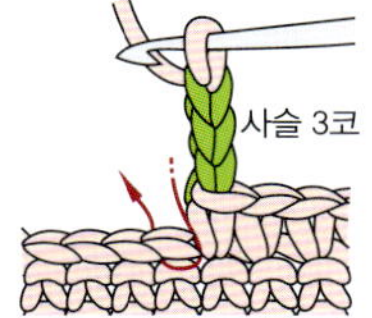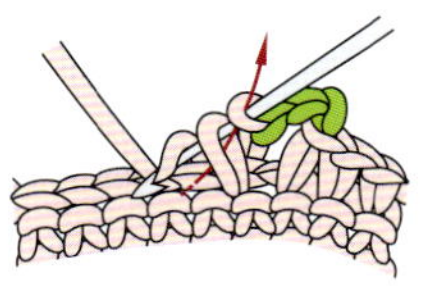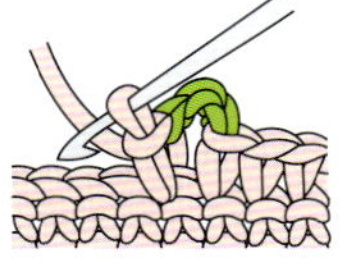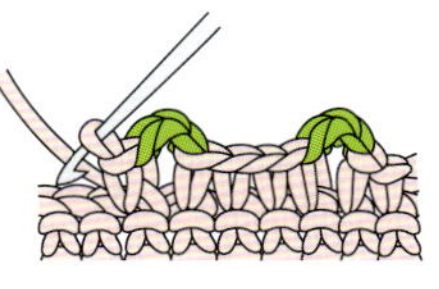

1 사슬 3코를 뜬 다음에 화살표와 같이 바늘을 넣는다.

2 바늘에 실을 걸어서 빼내고, 다시 실을 걸어서 짧은 뜨기를 뜬다.

3 사슬 3코 피코뜨기 1개가 완성되었다.

4 4코 간격으로 2번째 피코뜨기가 완성되었다.

 **사슬 3코 빼뜨기 피코**

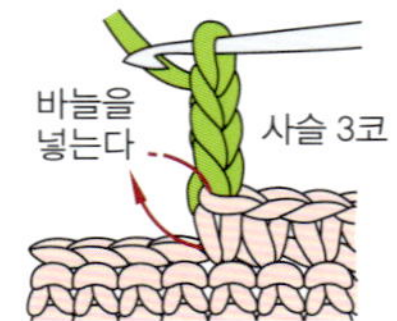

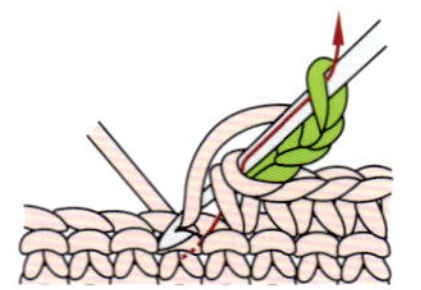

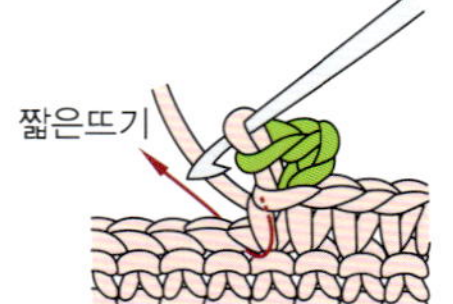

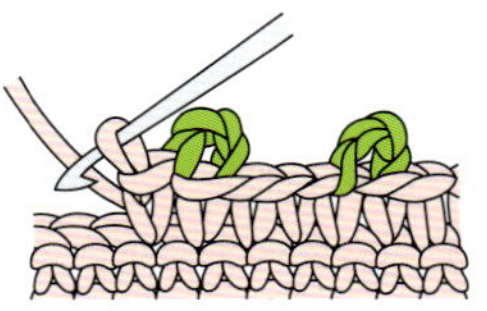

❶ 사슬 3코를 뜨고, 짧은뜨기의 머리 반코와 발 하나에 화살표와 같이 바늘을 넣는다.

❷ 바늘에 실을 걸어 화살표처럼 한번에 빼낸다.

❸ 다음 코를 뜨면 빼뜨기 피코가 완성된다.

❹ 4코 간격을 두고 다음 피코를 뜨고 나서 짧은뜨기 1코를 뜬다.

 **1길 긴뜨기 2코 모아뜨기**

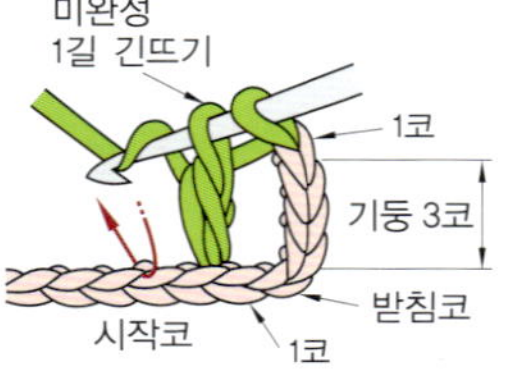

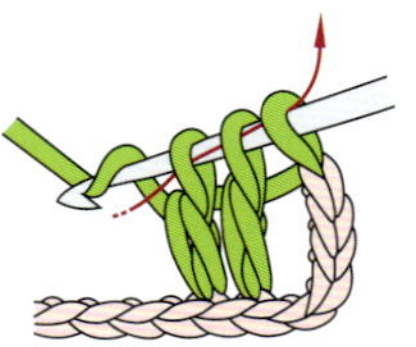

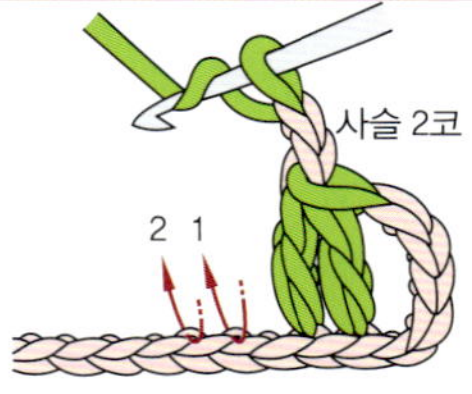

❶ 먼저 미완성 1길 긴뜨기를 1개 뜨고, 다음 코에도 같은 모양을 뜬다.

❷ 바늘에 걸려 있는 3개 고리를 한번에 빼낸다.

❸ 1길 긴뜨기 2코 모아뜨기를 완성한다. 다음은 화살표의 위치에서 뜬다.

❹ 2개째 1길 긴뜨기 2코 모아뜨기가 완성되었다.

 **1길 긴뜨기 2코 구멍에 넣어 방울뜨기**

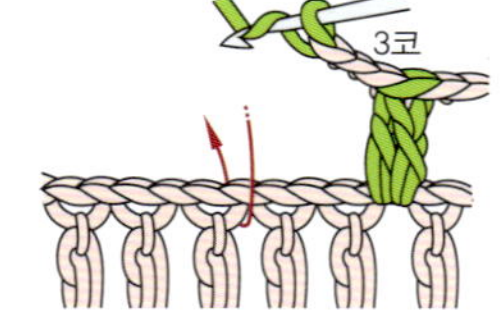

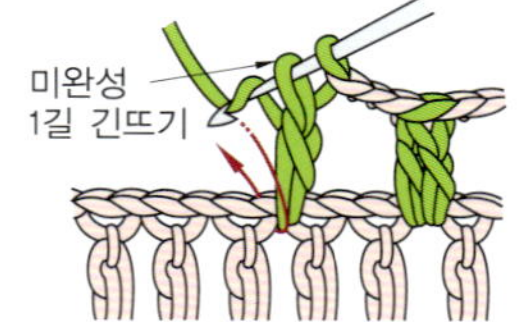

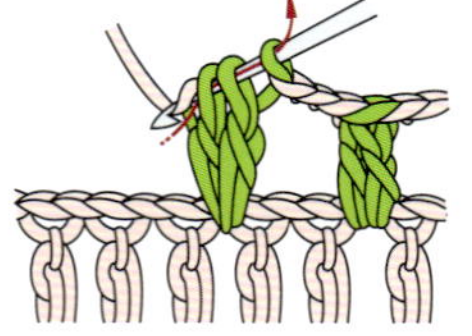

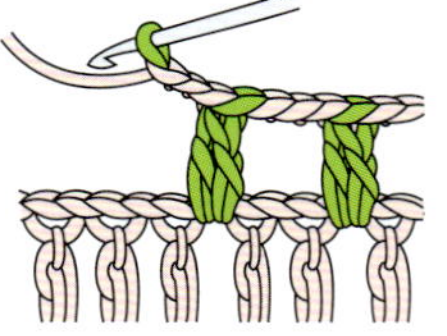

❶ 바늘에 실을 감아서 전단의 화살표 위치에 집어 넣는다.

❷ 미완성 1길 긴뜨기를 같은 위치에 한번 더 반복한다.

❸ 바늘에 실을 감아서 화살표와 같이 고리 3개를 한번에 빼낸다.

❹ 1길 긴뜨기 2코 방울뜨기를 하고, 사슬을 3코 떠서 계속한다.

 **1길 긴뜨기 3코 모아뜨기**

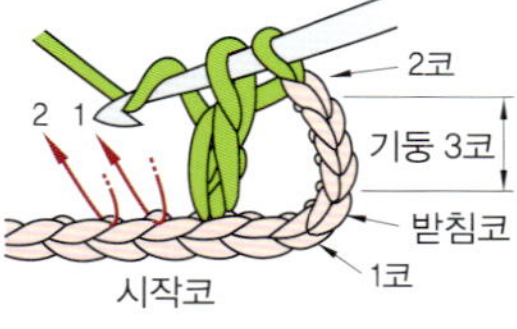

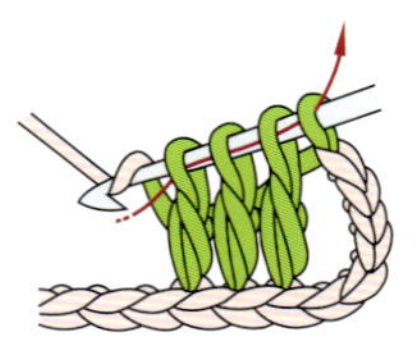

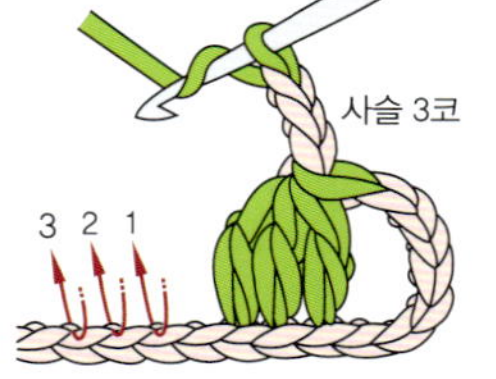

❶ 미완성 1길 긴뜨기를 1코 뜨고, 계속해서 화살표와 같이 2코 더 뜬다.

❷ 바늘에 실을 감아서 화살표와 같이 바늘에 걸린 4개 고리를 한번에 빼뜬다.

❸ 1길 긴뜨기 3코 모아뜨기가 완성되었다. 사슬 3코를 뜬 다음 화살표의 3코에 떠 넣는다.

❹ 2개가 완성되었다. 다음의 코를 뜨게 되면 처음 부분이 안정된다.

1길 긴뜨기 3코 방울뜨기

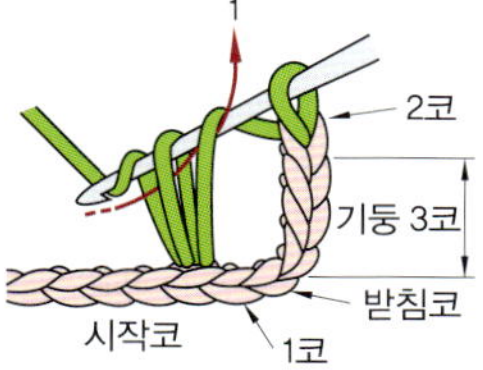

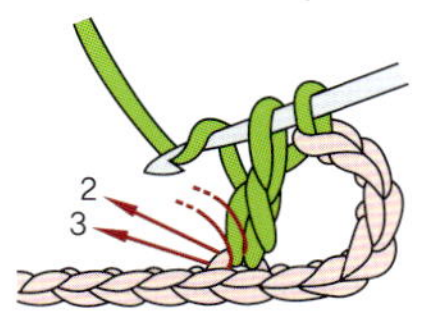

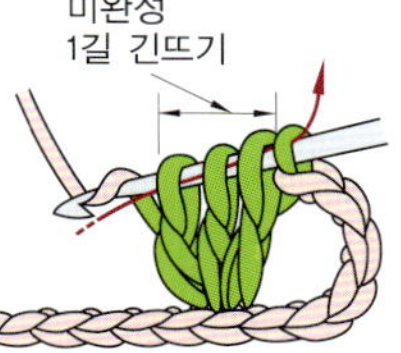

❶ 기둥은 사슬 3코이다. 먼저 미완성 1길 긴뜨기를 1코 뜬다.

❷ 같은 코에 바늘을 넣어서 미완성 1길 긴뜨기를 2코 뜬다.

❸ 바늘에 실을 걸어 화살표와 같이 고리 4개를 한번에 빼낸다.

❹ ❶~❸을 되풀이해서 1길 긴뜨기 3코 방울뜨기 2개가 완성되었다.

1길 긴뜨기 3코 구멍에 넣어 방울뜨기

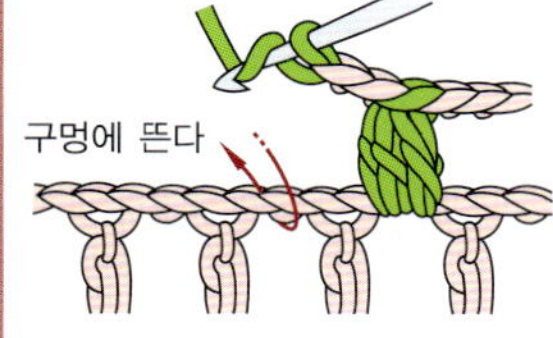

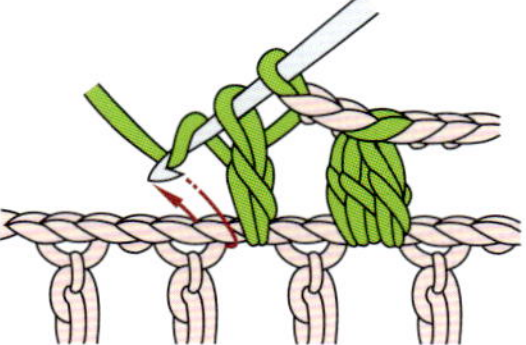

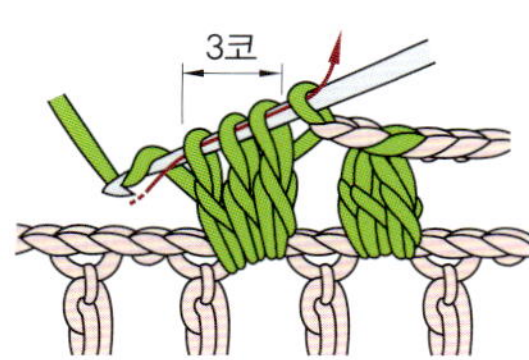

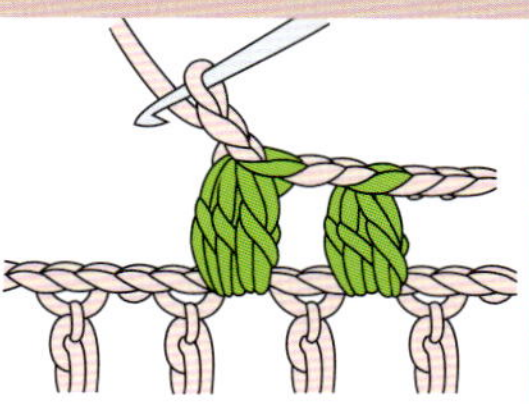

❶ 바늘에 실을 걸어 화살표 방향으로 넣어서 전단 구멍에 뜬다.

❷ 실을 빼서 고리 2개를 빼내고, 미완성 1길 긴뜨기를 1코 뜬다.

❸ 같은 위치에 다시 2코 떠서 4개 고리를 한번에 빼낸다.

❹ ❶~❸을 반복하면 1길 긴뜨기 3코 방울뜨기 2개가 완성된다.

1길 긴뜨기 5코 방울뜨기

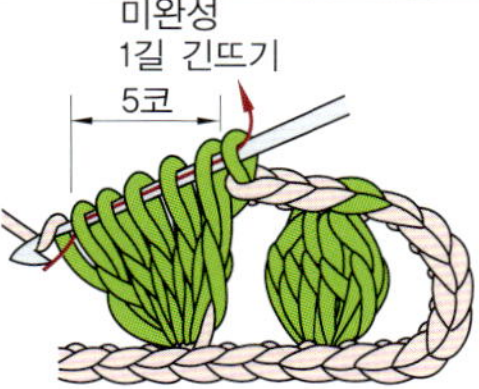

❶ 바늘에 실을 감아서 화살표가 표시된 코에 미완성 1길 긴뜨기를 1코 뜬다.

❷ 같은 코에 4번 더 바늘을 넣어서 미완성 1길 긴뜨기를 4코 떠넣는다.

❸ 바늘에 걸려 있는 6개의 고리를 한번에 빼낸다.

❹ 사슬뜨기 3코를 떠서 ❶~❸을 반복한다. 1길 긴뜨기 5코 방울뜨기를 2개 완성하였다.

1길 긴뜨기 5코 구멍에 넣어 방울뜨기

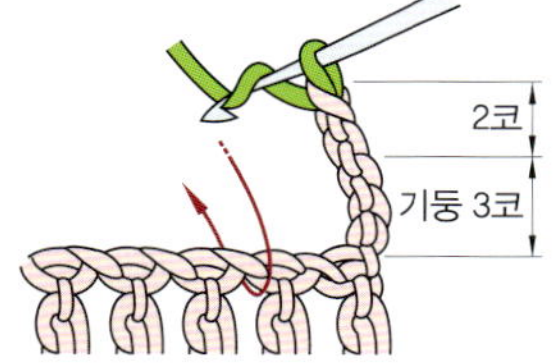

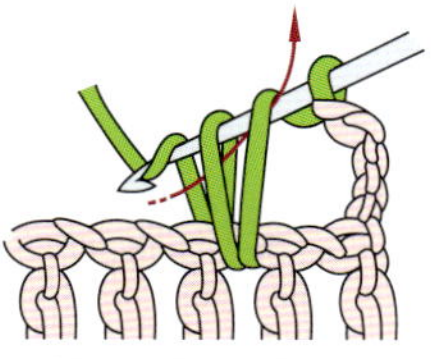

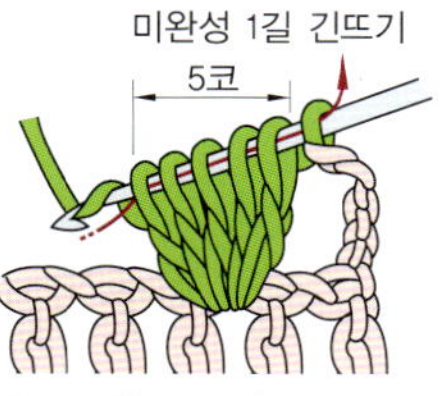

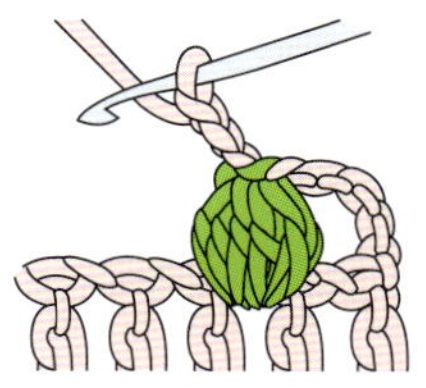

❶ 바늘에 실을 감아 화살표 위치에 넣는다.

❷ 실을 걸어서 고리 2개만 빼내어 미완성 1길 긴뜨기를 뜬다.

❸ 같은 위치에 바늘을 넣어서 미완성 1길 긴뜨기를 4코 더 뜬다.

❹ 6개 고리를 한번에 빼내서 방울뜨기를 완성한다.

 **1길 긴뜨기 5코 팝콘뜨기**

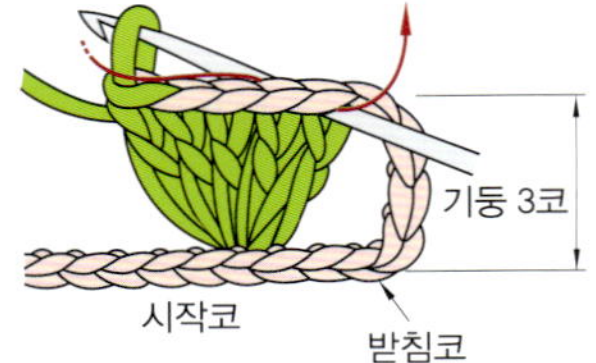
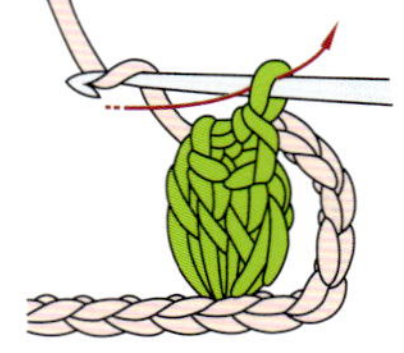

❶ 같은 코에 1길 긴뜨기 5코를 뜨고, 일단 바늘을 바꾸어 1길 긴뜨기 첫번째 코에 집어 넣는다.

❷ 1길 긴뜨기 첫번째 코의 앞쪽으로 빼내어 다시 사슬뜨기를 해서 잡아당긴다.

❸ 1길 긴뜨기 5코 팝콘뜨기 2개가 완성되었다.

 **1길 긴뜨기 5코 구멍에 넣어 팝콘뜨기**

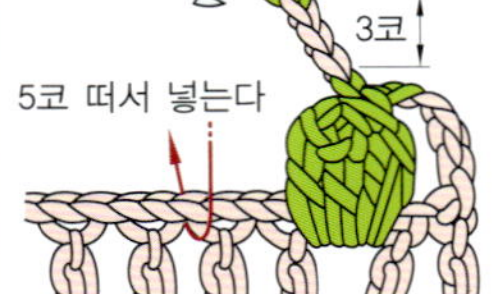
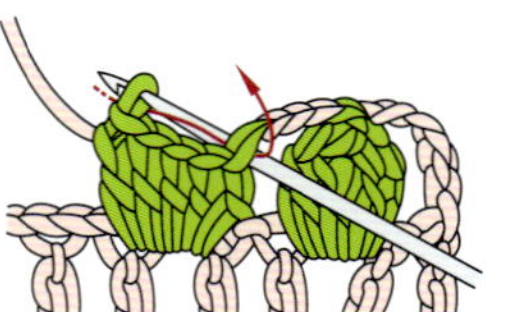
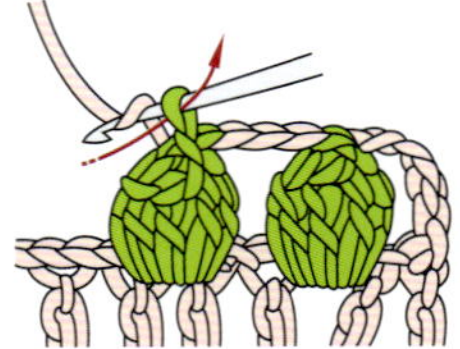

❶ 바늘에 실을 감아서 화살표의 위치에 바늘을 넣고 실을 건다.

❷ 1길 긴뜨기 5코를 뜨고, 바늘을 바꾸어 1길 긴뜨기 첫번째 코에 집어 넣는다.

❸ 고리를 첫번째 코의 머리 부분에 빼내고, 다시 사슬뜨기 1코를 잡아당긴다.

❹ 구멍에 넣어 뜨는 팝콘뜨기 2개가 완성되었다.

 **1길 긴뜨기 5코 모아뜨기**

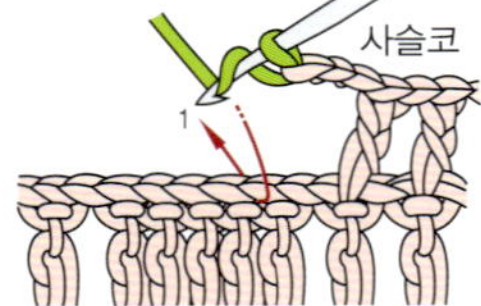
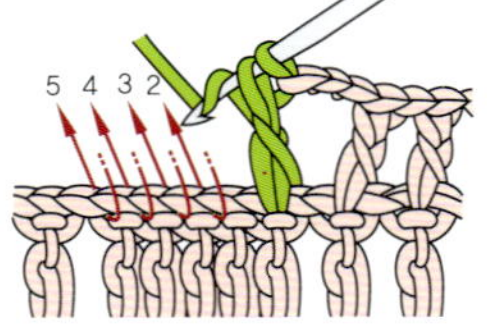
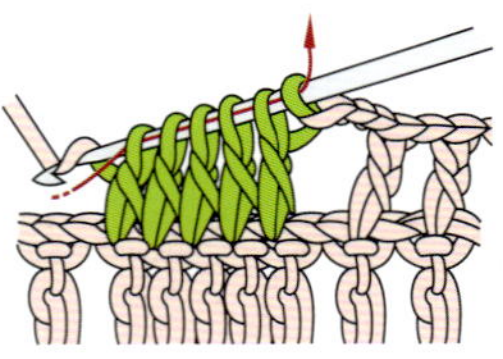
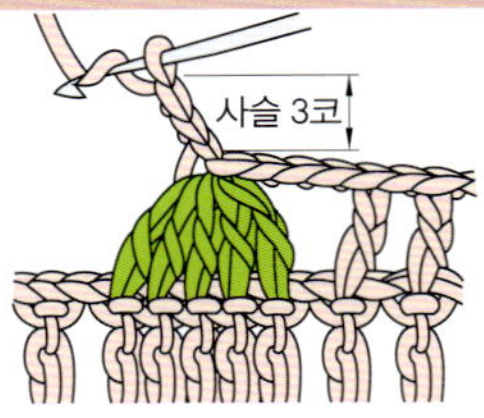

❶ 화살표 위치에 바늘을 넣고 실을 걸어서 고리를 2개만 빼낸다.

❷ 화살표 위치에 바늘을 넣어서 ❶과 같은 모양으로 미완성 1길 긴뜨기를 4코 더 뜬다.

❸ 바늘에 실을 감아 걸려 있는 6개 고리를 한번에 빼낸다.

❹ 1길 긴뜨기 5코를 한번에 뜨고, 사슬뜨기 3코를 떠서 다음 단계를 계속한다.

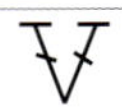 **1코에 1길 긴뜨기 2코 떠넣기**

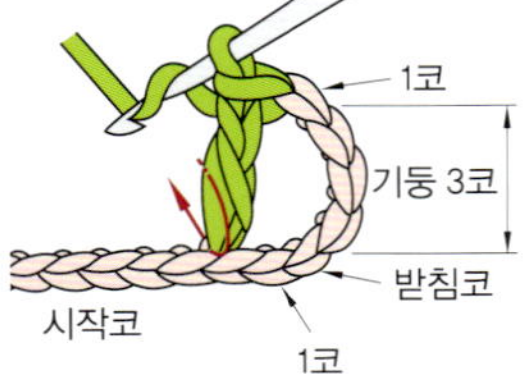
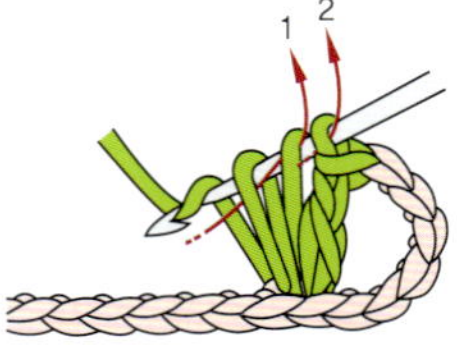
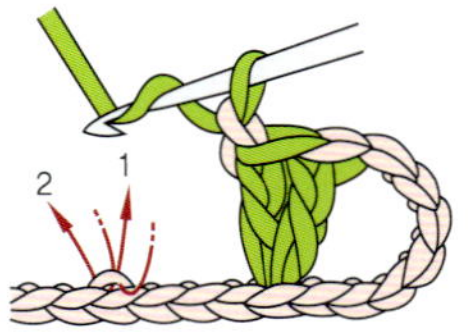

❶ 먼저 1길 긴뜨기를 1코 뜨고, 같은 코에 화살표와 같이 바늘을 넣는다.

❷ 바늘에 실을 감아 고리를 2개씩 빼내어 1길 긴뜨기를 뜬다.

❸ 1코에 1길 긴뜨기 2코 떠넣기 1개가 완성되었다.

❹ 사슬 1코의 간격을 두고 2개째 뜬 것이다.

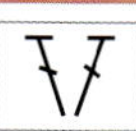 **구멍에 1길 긴뜨기 2코 떠넣기**

21

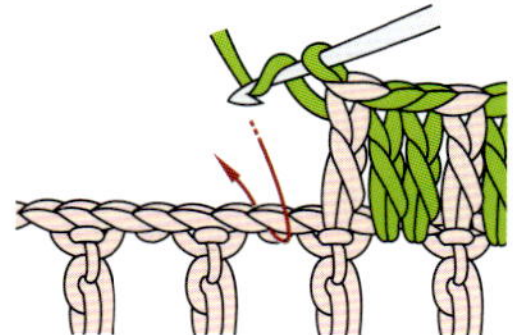

❶ 바늘에 실을 감아서 전단의 화살표 위치에 넣는다.

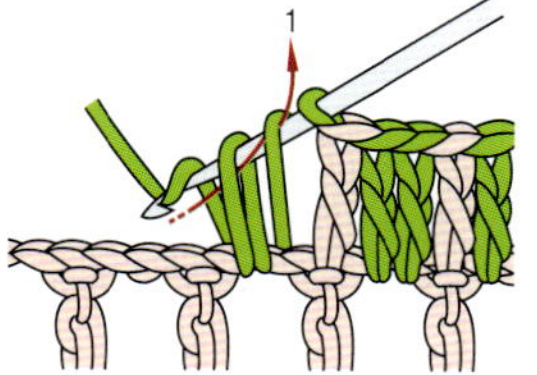

❷ 실을 걸어서 빼내고, 화살표와 같이 고리를 2개만 빼낸다.

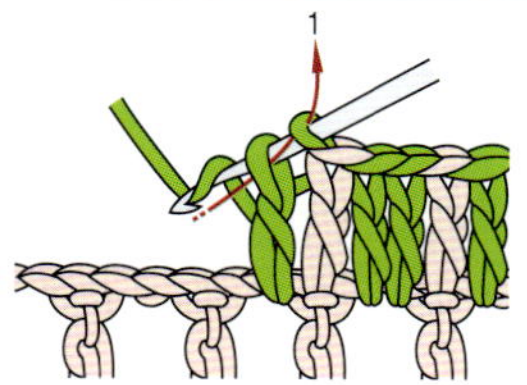

❸ 다시 남은 고리도 2개 빼내서 1길 긴뜨기 1코를 뜬다.

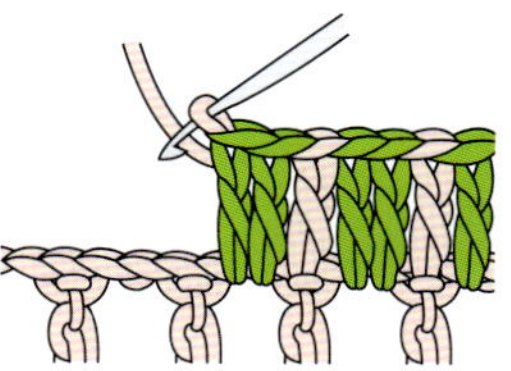

❹ 같은 위치에 1코 더 떠넣으면 구멍에 뜬 1길 긴뜨기 2코가 완성된다.

 **1코에 1길 긴뜨기 3코 떠넣기**

22

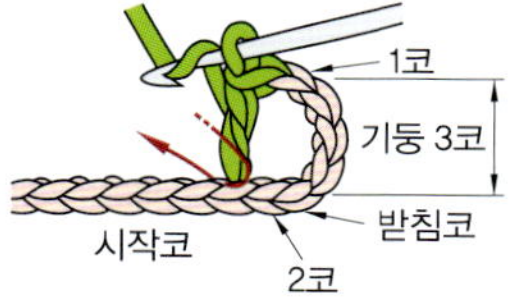

❶ 1길 긴뜨기를 1코 떠서 같은 코에 바늘을 넣어 다시 1코를 뜬다.

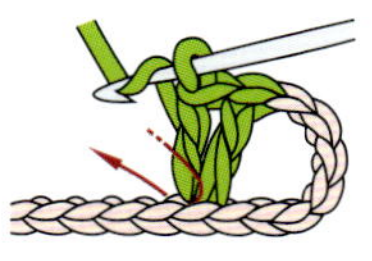

❷ 바늘에 실을 감아서 한번 더 같은 위치에 넣는다.

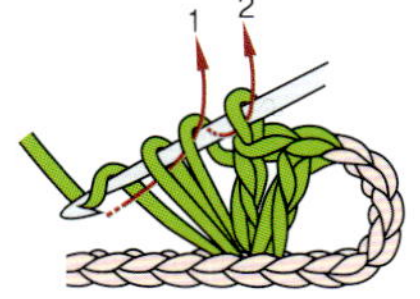

❸ 고리를 빼내서 1길 긴뜨기를 뜨고, 1코에 3코를 떠넣어 완성한다.

❹ 사슬 1코의 간격을 두고 2개가 완성되었다.

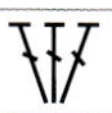 **구멍에 1길 긴뜨기 3코 떠넣기**

23

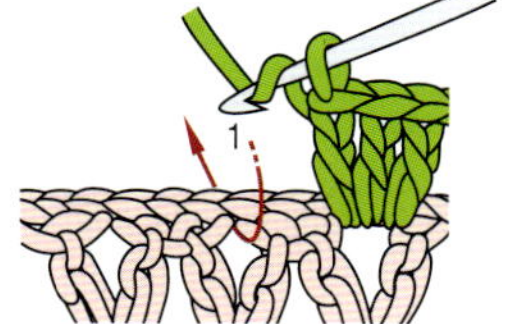

❶ 바늘에 실을 감아서 화살표와 같이 전단의 구멍에 넣어 뜬다.

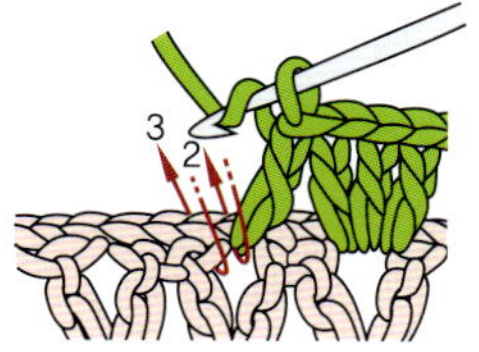

❷ 1길 긴뜨기 1코를 뜨고, 같은 위치에 바늘을 넣어 2코를 더 뜬다.

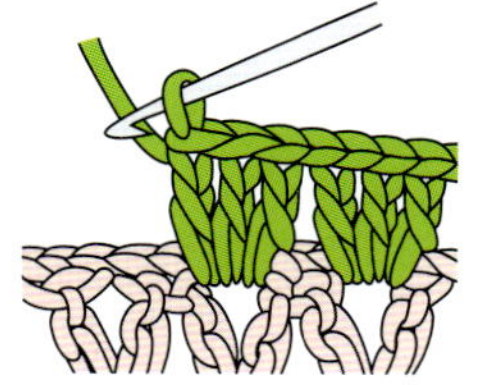

❸ 구멍에 1길 긴뜨기 3코 떠넣기 2개가 완성되었다.

 **1코에 1코 간격 1길 긴뜨기 2코뜨기**

24

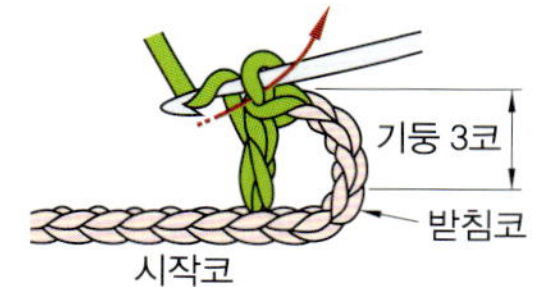

❶ 사슬 3코로 기둥을 세우고, 받침코에서부터 2번째 코 뒷고리에 1길 긴뜨기를 1코 뜬다.

❷ 사슬을 1코 뜨고 1길 긴뜨기를 뜬 같은 위치에 바늘을 집어 넣는다.

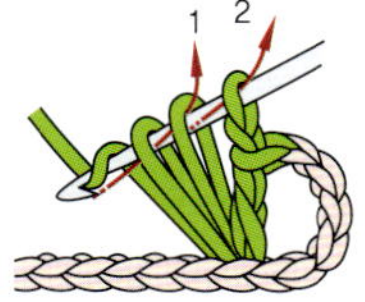

❸ 고리를 빼내고 실을 걸어 2개씩 빼내면 완성된다.

❹ 사슬 2코 간격으로 1코에 1코 간격 1길 긴뜨기 2코뜨기 2개가 완성되었다.

 **1코에 3코 간격 1길 긴뜨기 2코뜨기**

25

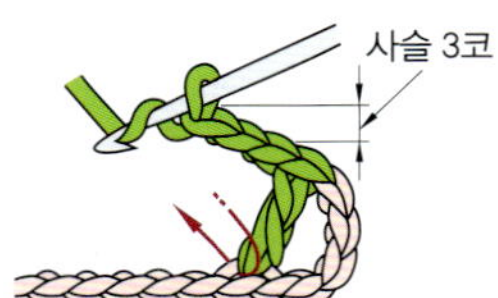
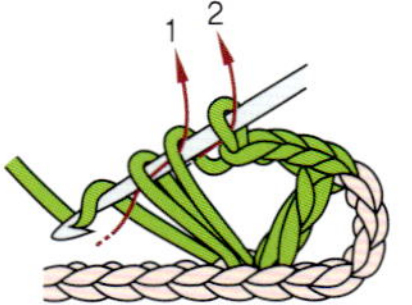

❶ 사슬 3코로 기둥을 세우고, 받침코에서부터 3번째 코에 1길 긴뜨기를 1코 뜬다.

❷ 사슬 3코를 뜨고, 1길 긴뜨기와 같은 위치에 화살표와 같이 바늘을 넣는다.

❸ 고리를 빼내어 실을 걸어서 2개씩 빼낸다.

❹ 사이에 사슬 3코를 넣은 1길 긴뜨기 2코가 완성되었다.

 **1코에 1길 긴뜨기 4코뜨기**

26

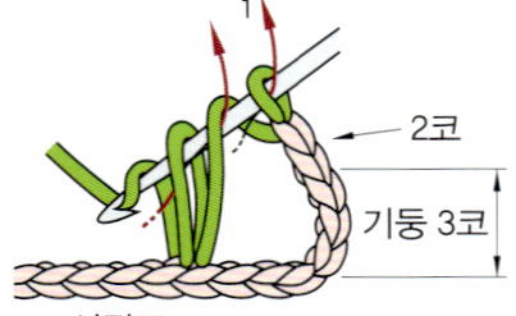
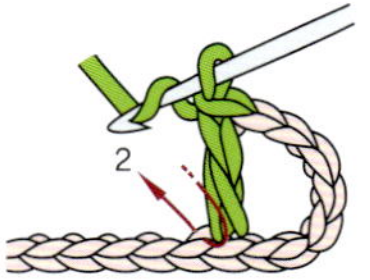
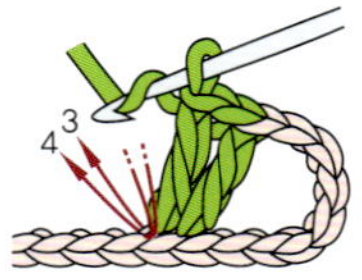

❶ 사슬 3코로 기둥을 세우고, 받침코에서 4번째 코에 바늘을 넣어서 1길 긴뜨기를 뜬다.

❷ 실을 감아서 1길 긴뜨기와 같은 코에 바늘을 넣어 1코 더 뜬다.

❸ 실을 감아서 같은 위치에 바늘을 넣어 2코 더 뜬다.

❹ 1코에 1길 긴뜨기를 4코 떠넣으면 완성된다.

 **구멍에 1길 긴뜨기 5코뜨기**

27

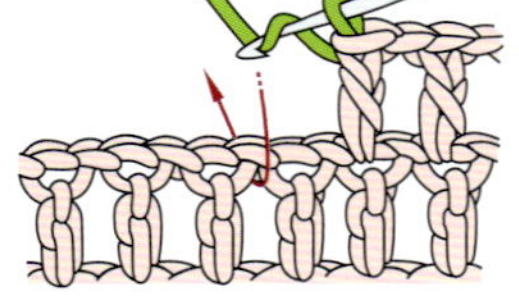
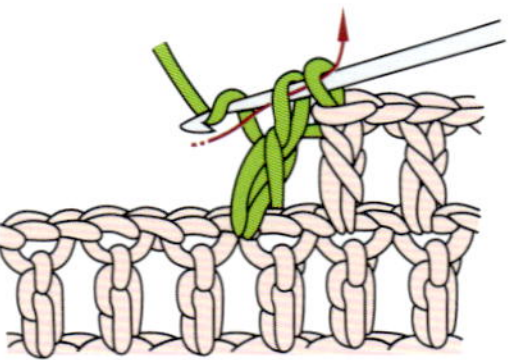
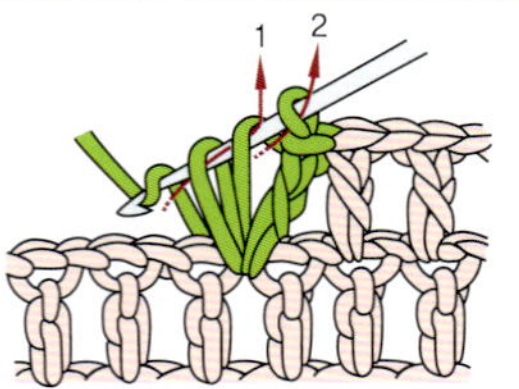
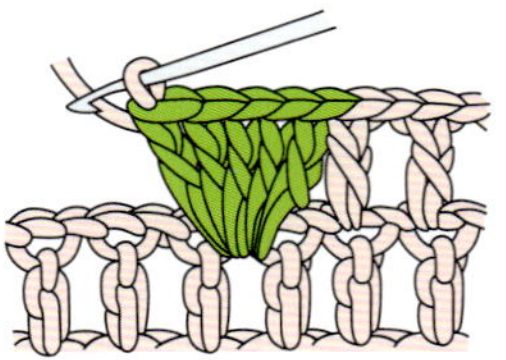

❶ 바늘에 실을 걸어서 화살표와 같이 전단의 구멍에 집어 넣는다.

❷ 바늘에 실을 걸어서 빼내고, 고리 2개씩 빼내어 1길 긴뜨기를 1코 뜬다.

❸ 전단의 같은 위치에 바늘을 넣어 1길 긴뜨기를 1코 더 뜬다.

❹ 1길 긴뜨기 5코를 구멍에 넣어 뜨면 완성된다.

 **1코에 1길 긴뜨기 5코 부채모양 뜨기**

28

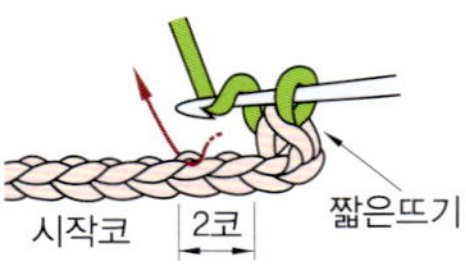
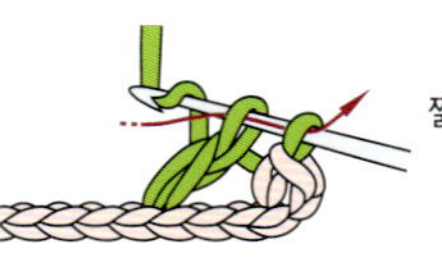
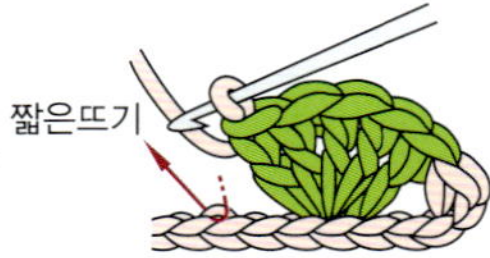

❶ 짧은뜨기를 1코 뜨고, 바늘에 실을 감아서 3번째 코에 넣는다.

❷ 실을 빼내서 고리 2개씩 빼내어 1길 긴뜨기를 뜬다.

❸ 같은 코에 4코 더 뜨고, 3번째 코에 짧은뜨기를 뜬다.

❹ 1길 긴뜨기를 5코 떠 넣은 부채모양 뜨기 2개가 완성되었다.

 **구멍에 1길 긴뜨기 5코 부채모양 뜨기**

 29

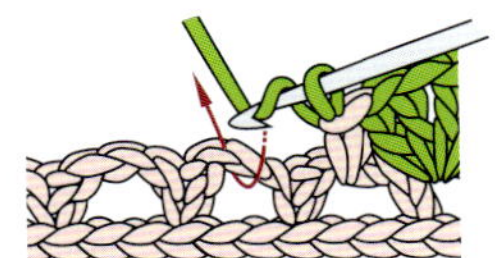

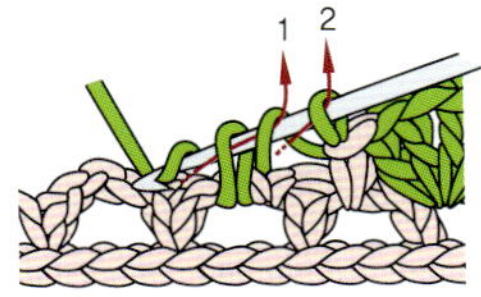

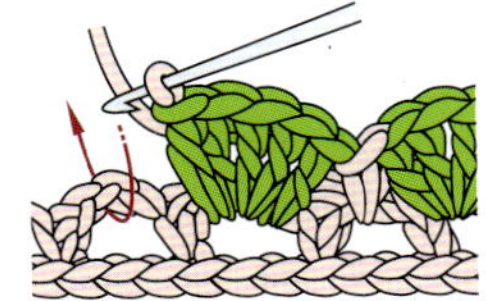

❶ 짧은뜨기를 1코 뜨고, 바늘에 실을 감아서 전단 고리에 넣는다.

❷ 실을 빼내서 화살표와 같이 2개씩 빼내어 1길 긴뜨기를 뜬다.

❸ 같은 위치에 바늘을 넣은 후 4코 뜨고, 다시 화살표 위치에 넣는다.

❹ 짧은뜨기를 하고 1길 긴뜨기 5코를 구멍에 넣어 뜨면 부채모양 뜨기가 완성된다.

 **1코에 1길 긴뜨기 1코 간격 4코뜨기(셸뜨기)**

 30

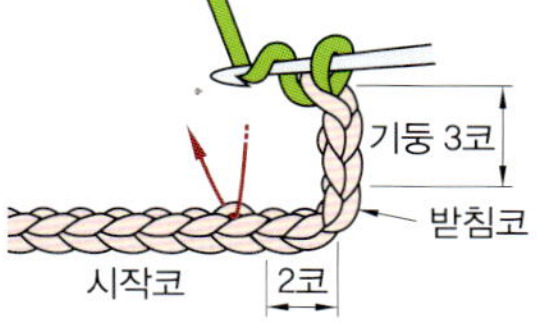

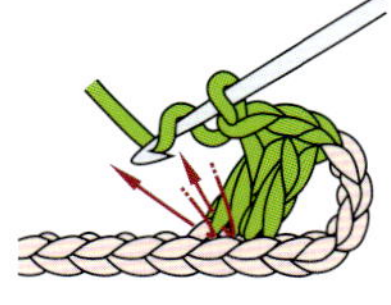

❶ 사슬뜨기 3코로 기둥을 세우고, 바늘에 실을 감아서 받침코에서 3번째 코에 넣는다.

❷ 같은 코에 1길 긴뜨기를 2코 뜬다. 사슬뜨기를 1코 뜨고, 같은 위치에 바늘을 넣는다.

❸ 다시 1길 긴뜨기를 2코 뜨고, 사이에 사슬뜨기 1코를 넣어 뜨면 셸뜨기가 완성된다.

 **구멍에 1길 긴뜨기 2코 간격 6코뜨기(셸뜨기)**

 31

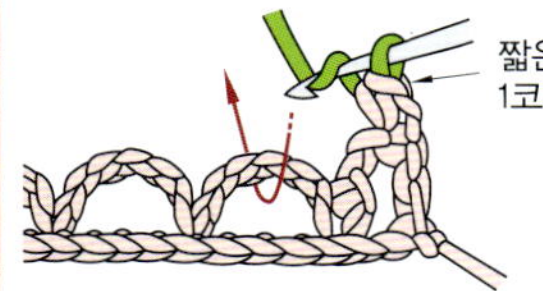

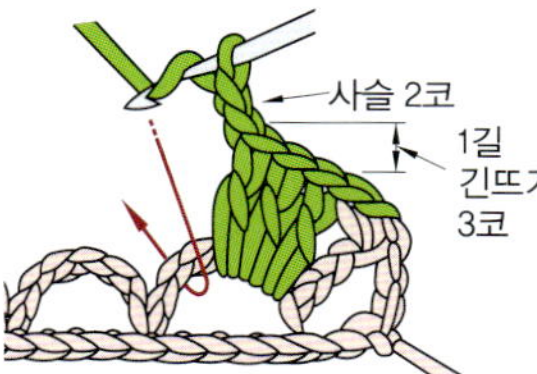

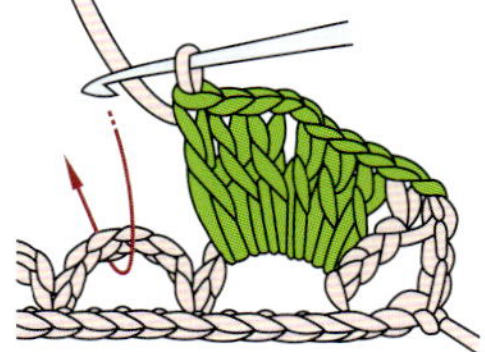

❶ 우선 짧은뜨기를 1코 뜨고, 전단의 고리에 바늘을 넣는다.

❷ 같은 위치에 바늘을 넣어서 1길 긴뜨기를 3코 뜨고, 다음에 사슬뜨기를 2코 뜬다.

❸ 같은 위치에 다시 1길 긴뜨기를 3코 뜨고, 다음 고리에 바늘을 넣는다.

❹ 짧은뜨기 1코를 뜨고, 1길 긴뜨기(2코 간격) 6코를 구멍에 넣어 뜨면 셸뜨기가 완성된다.

 **1길 긴뜨기 겉으로 걸어뜨기**

 32

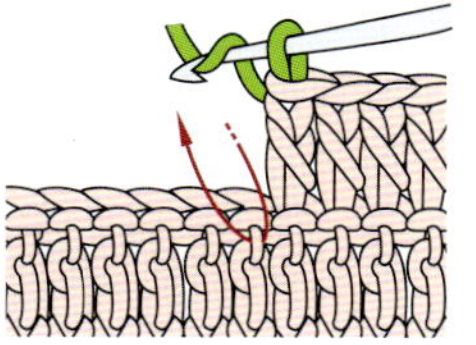

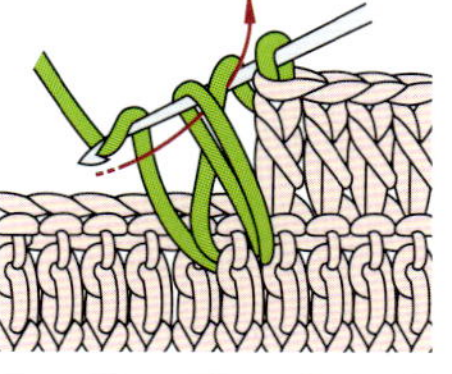

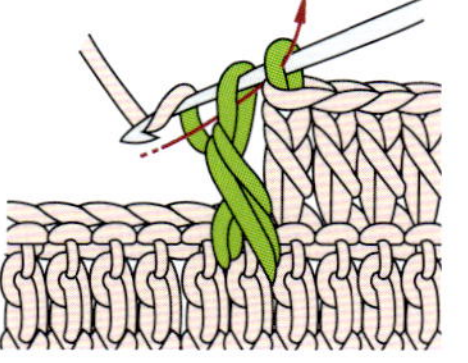

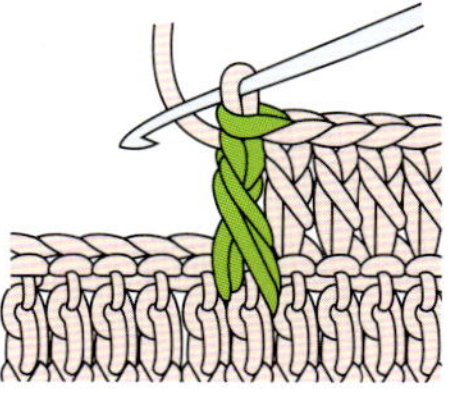

❶ 화살표와 같이 전단 코의 아래에 바깥쪽부터 바늘을 넣는다.

❷ 바늘에 실을 걸어서 길게 빼내어 고리 2개만 빼낸다.

❸ 화살표와 같이 남은 고리 2개를 빼내서 1길 긴뜨기를 뜬다.

❹ 1길 긴뜨기 겉으로 코 빼뜨기가 완성되었다.

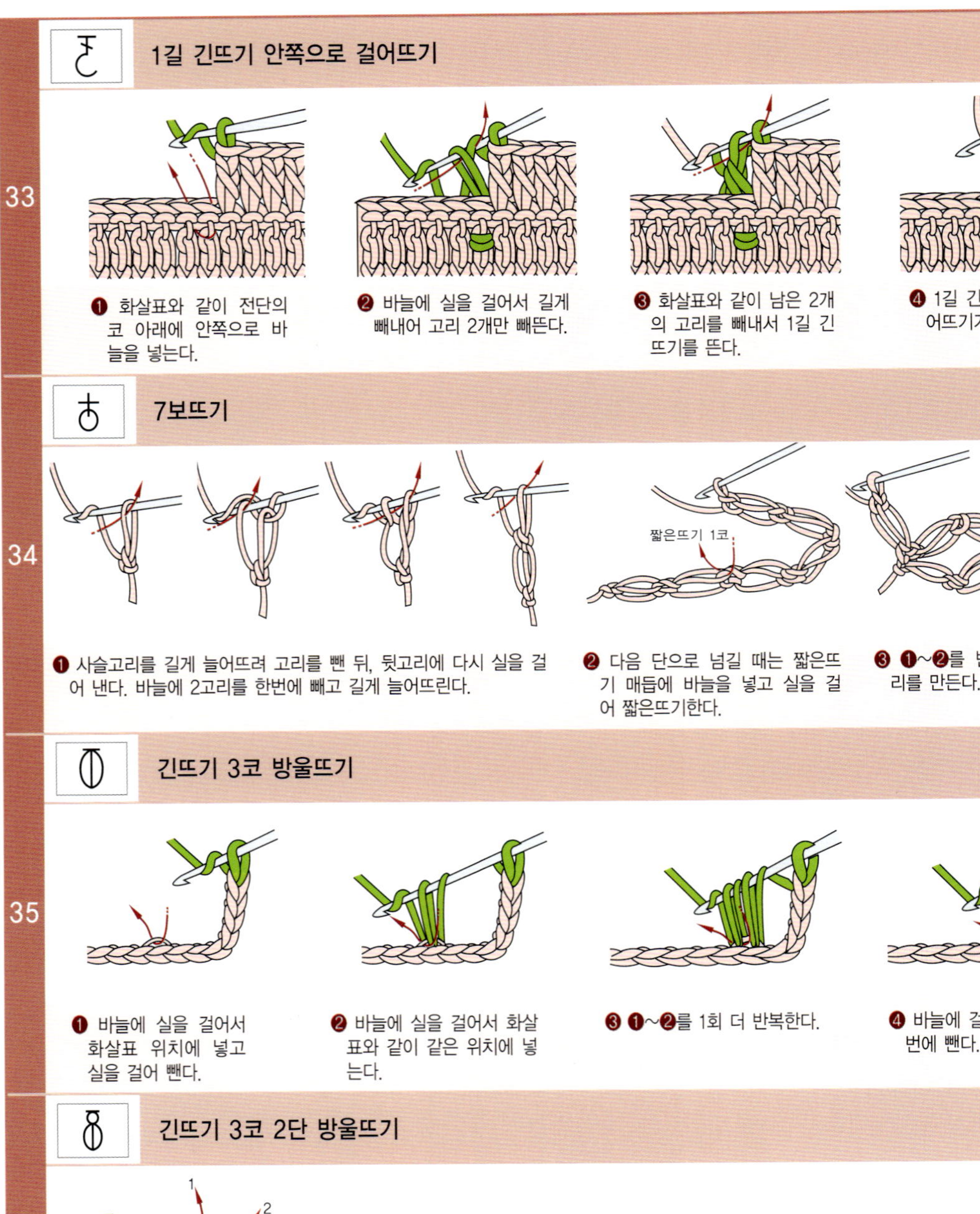

1길 긴뜨기 안쪽으로 걸어뜨기

❶ 화살표와 같이 전단의 코 아래에 안쪽으로 바늘을 넣는다.
❷ 바늘에 실을 걸어서 길게 빼내어 고리 2개만 빼뜬다.
❸ 화살표와 같이 남은 2개의 고리를 빼내서 1길 긴뜨기를 뜬다.
❹ 1길 긴뜨기 안쪽으로 걸어뜨기가 완성되었다.

7보뜨기

짧은뜨기 1코

❶ 사슬고리를 길게 늘어뜨려 고리를 뺀 뒤, 뒷고리에 다시 실을 걸어 낸다. 바늘에 2고리를 한번에 빼고 길게 늘어뜨린다.
❷ 다음 단으로 넘길 때는 짧은뜨기 매듭에 바늘을 넣고 실을 걸어 짧은뜨기한다.
❸ ❶~❷를 반복해 동그란 고리를 만든다.

긴뜨기 3코 방울뜨기

❶ 바늘에 실을 걸어서 화살표 위치에 넣고 실을 걸어 뺀다.
❷ 바늘에 실을 걸어서 화살표와 같이 같은 위치에 넣는다.
❸ ❶~❷를 1회 더 반복한다.
❹ 바늘에 걸린 7고리를 한꺼번에 뺀다.

긴뜨기 3코 2단 방울뜨기

1
2

전단 구멍에 긴뜨기 3개를 걸어 준 뒤 1차로 7고리만 빼고, 2차로 나머지 2고리를 뺀다.

33

34

35

36

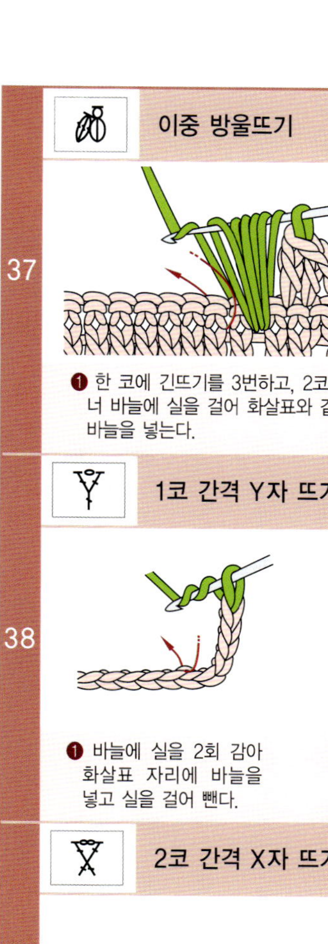

이중 방울뜨기

❶ 한 코에 긴뜨기를 3번하고, 2코 건너 바늘에 실을 걸어 화살표와 같이 바늘을 넣는다.

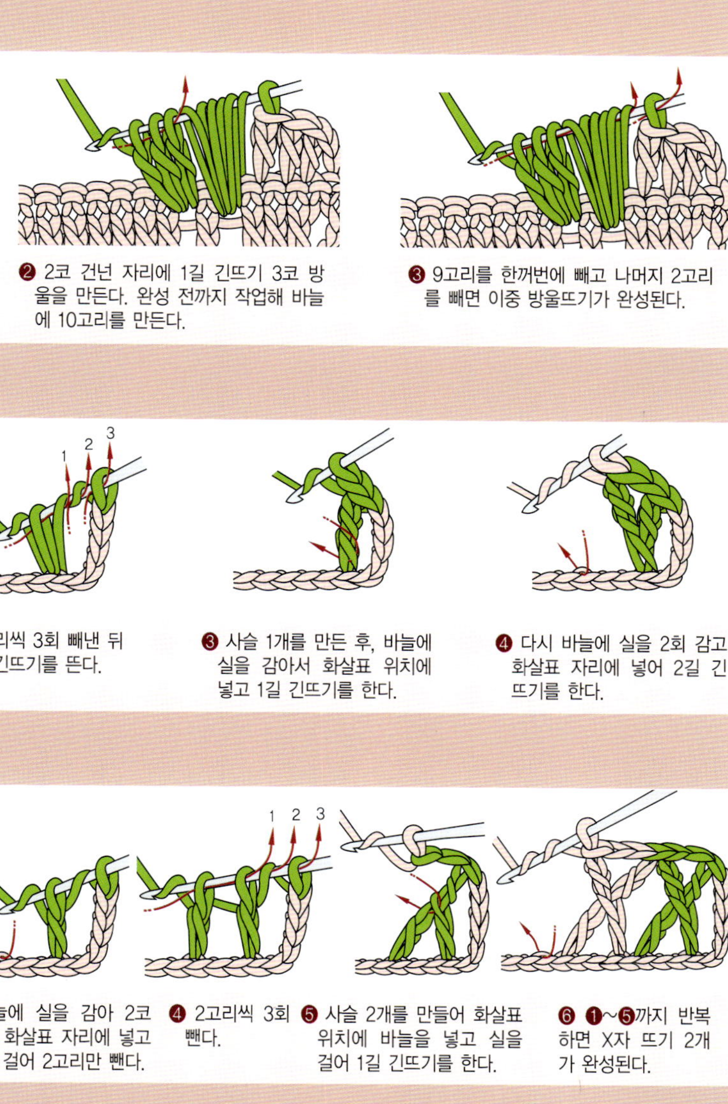

❷ 2코 건넌 자리에 1길 긴뜨기 3코 방울을 만든다. 완성 전까지 작업해 바늘에 10고리를 만든다.

❸ 9고리를 한꺼번에 빼고 나머지 2고리를 빼면 이중 방울뜨기가 완성된다.

1코 간격 Y자 뜨기

❶ 바늘에 실을 2회 감아 화살표 자리에 바늘을 넣고 실을 걸어 뺀다.

❷ 2고리씩 3회 빼낸 뒤 2길 긴뜨기를 뜬다.

❸ 사슬 1개를 만든 후, 바늘에 실을 감아서 화살표 위치에 넣고 1길 긴뜨기를 한다.

❹ 다시 바늘에 실을 2회 감고 화살표 자리에 넣어 2길 긴뜨기를 한다.

2코 간격 X자 뜨기

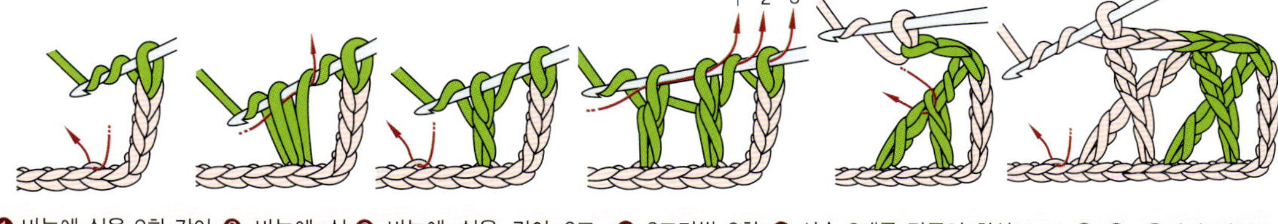

❶ 바늘에 실을 2회 감아 화살표 자리에 넣고 실을 걸어 뺀다.

❷ 바늘에 실을 걸어 2고리를 뺀다.

❸ 바늘에 실을 감아 2코 건넌 화살표 자리에 넣고 실을 걸어 2고리만 뺀다.

❹ 2고리씩 3회 뺀다.

❺ 사슬 2개를 만들어 화살표 위치에 바늘을 넣고 실을 걸어 1길 긴뜨기를 한다.

❻ ❶~❺까지 반복하면 X자 뜨기 2개가 완성된다.

거꾸로 Y자 뜨기

❶ 사슬 6코를 기둥으로 하여 바늘에 실을 걸어 화살표 자리에 넣은 뒤 실을 걸어 뺀 후, 다시 실을 걸어 2고리만 뺀다.

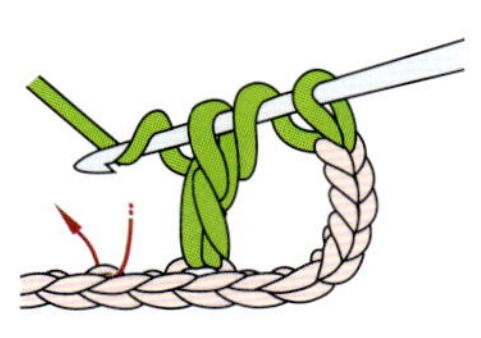

❷ 바늘에 실을 감아 화살표 자리에 넣고 실을 걸어 2고리만 뺀다.

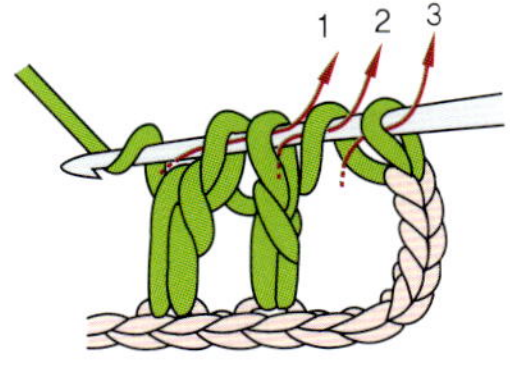

❸ 2고리씩 3회 실을 걸어 빼내면 거꾸로 Y자 뜨기가 완성된다.

사슬뜨기로 둥근코 만들기

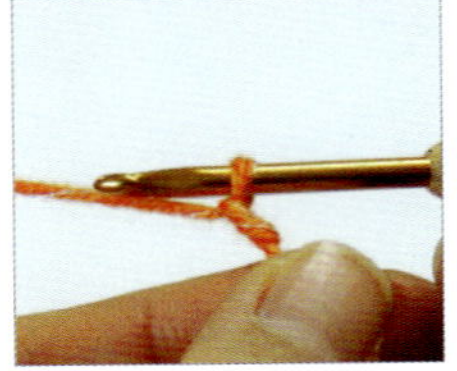 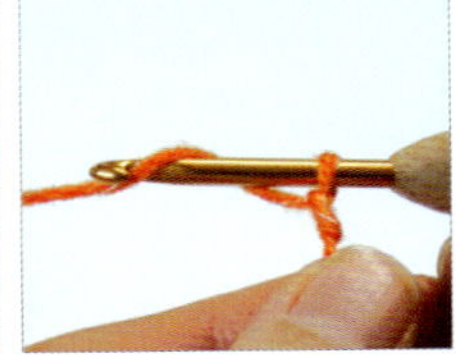   

❶ 그림과 같이 시작코를 만든다.

❷ 바늘에 실을 감아 사슬뜨기를 한다.

❸ ❶~❷를 반복해서 원하는 수만큼 사슬코를 만든다.

❹ 첫번째 코의 사슬 반코에 바늘을 넣는다.

❺ ❹에 실을 걸어 빼낸다.

실로 둥근코 만들기

  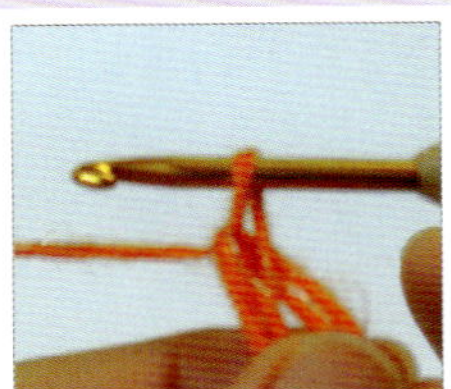  

❶ 왼쪽 집게 손가락에 실을 2번 감는다.

❷ 감은 고리모양 그대로 손가락에서 뺀다.

❸ 둥근 가운데 바늘을 넣어서 실을 걸어 빼낸다.

❹ 한번 더 실을 빼내 코를 쥔다.

❺ 처음 만든 것은 1코로 치지 않는다.

짧은뜨기로 원형 모티프 시작하기

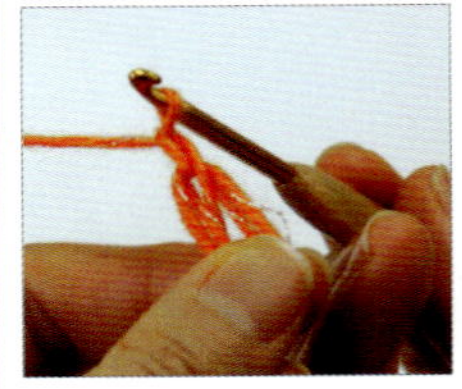 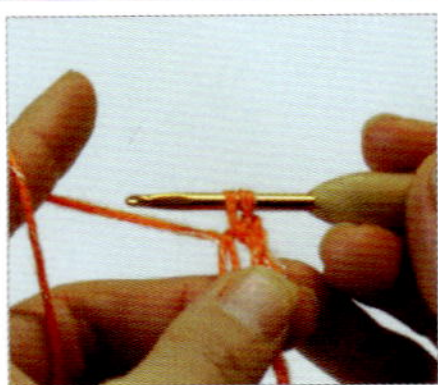 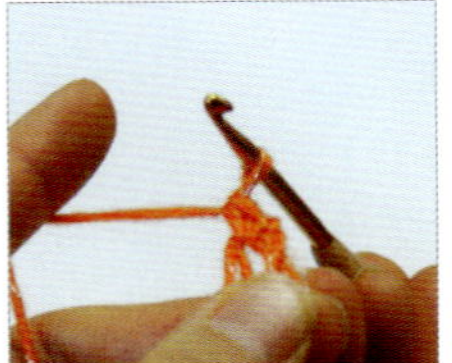  

❶ 실 끝을 감아 기둥코 1코를 만들고 가운데 구멍에 바늘을 넣어 실을 걸어 낸다.

❷ 바늘에 실을 걸어 2고리를 한번에 뺀 뒤 짧은뜨기 한다.

❸ ❶~❷를 반복하여 필요한 코수만큼 짧은뜨기를 한다.

❹ 원형이 될 수 있도록 실을 잡아당겨 쥔다.

❺ 단의 끝을 짧은뜨기의 머리에 넣어 빼뜨기로 뜬 다음 사슬 1코로 기둥을 뜬다.

빼뜨기를 뜨면서 모티프 잇는 방법

❶ 마지막 단이 사슬 5코의 네트 뜨기일 경우 중심의 3코째에서 화살표 방향으로 잇는다.

❷ 사슬 3코뜨기 옆의 모티프 고리에 바늘을 넣어서 3번째 코를 빼뜨기로 뜬다.

❸ 나머지 사슬 2코를 뜨고 짧은 뜨기를 하여 네트 1개를 만들고 같은 방법으로 잇는다.

❹ 모티프 네트 2개를 이어 놓은 것이다.

짧은뜨기를 뜨면서 모티프 잇는 방법

❶ 사슬을 2코 떠서 옆의 모티프 고리에 바늘을 넣고 실을 걸어서 뺀다.

❷ 한번 더 실을 걸어서 빼내고 짧은뜨기를 한다.

❸ 옆의 모티프 네트에 짧은뜨기로 이은 후 나머지 사슬 2코를 뜬다.

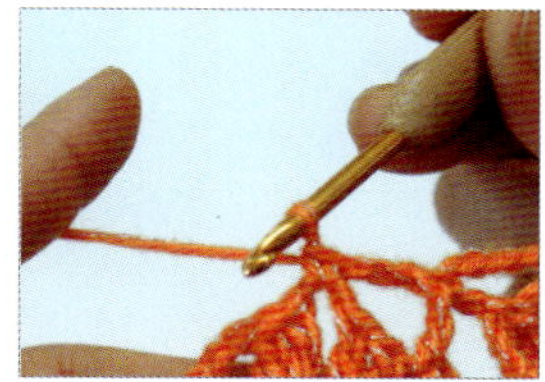

❹ 짧은뜨기를 하여 네트를 완성한다.

긴뜨기를 뜨면서 모티프 잇는 방법

❶ 바늘을 옆의 모티프에 넣어서 실을 걸어 뺀다.

❷ 1길 긴뜨기의 머리에 바늘을 넣고, 실을 감아 아래 안고리에 넣어 실을 걸어서 뺀다.

❸ 바늘에 실을 걸어서 고리 2개씩 빼내서 1길 긴뜨기를 한다. 2코째도 같은 모양으로 뜬다.

❹ 이을 곳 마지막 1길 긴뜨기도 같은 모양으로 뜨고 다음부터 보통으로 뜬다.

반코 감아서 모티프 잇는 방법

빼뜨기로 모티프 잇는 방법

돗바늘로 실을 꿰어 모티프를 서로 붙여 바깥쪽의 반코씩을 꿰맨다.

❶ 2장을 바깥쪽이 안으로 가도록 겹쳐서 이을 곳의 시작점에 실을 건 후 바깥쪽으로 반코씩 건다.

❷ 실끝은 왼쪽에 두고 실끝 아래부터 뜬다.

❸ 빼뜨기로 이은 모양이다.

짧은뜨기로 모티프 잇는 방법

❶ 2장을 바깥쪽이 안으로 가도록 겹쳐서 이을 곳의 시작점에 실을 건 후 바깥쪽으로 반코씩 건다.

❷ 바늘을 넣어 실을 걸어 뺀다.

❸ 2고리를 한꺼번에 빼서 짧은뜨기한다.

❹ 짧은뜨기로 이은 모양이다.

1 5코 2단 1무늬

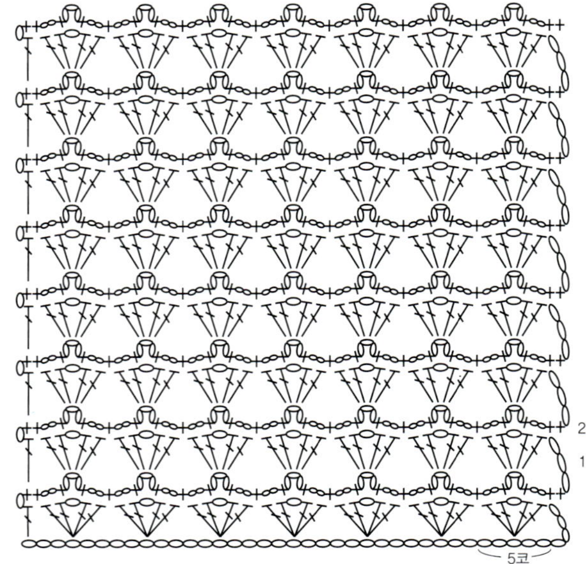

2 20코 2단 1무늬

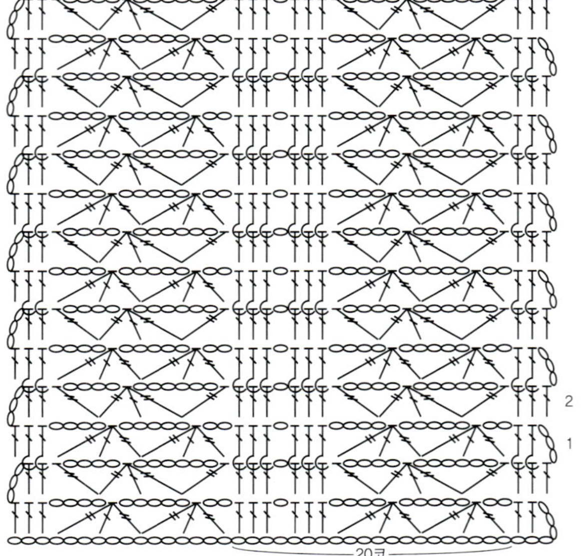

3 8코 2단 1무늬

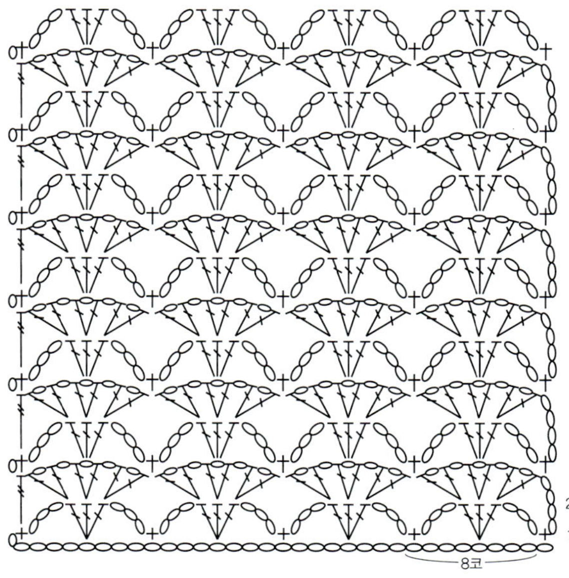

4 8코 8단 1무늬

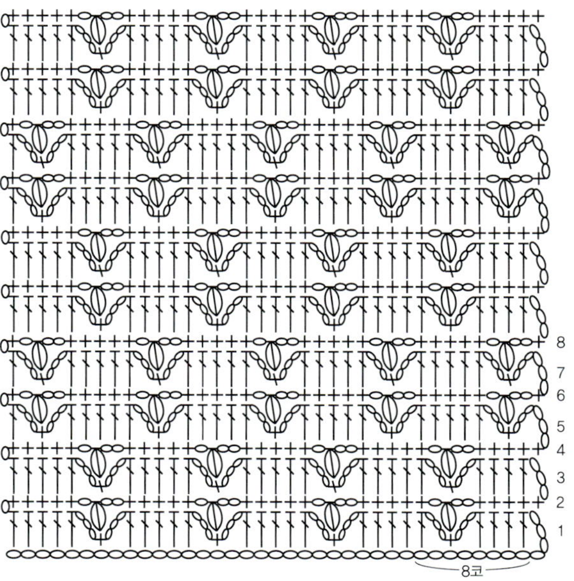

5 7코 4단 1무늬

6 12코 6단 1무늬

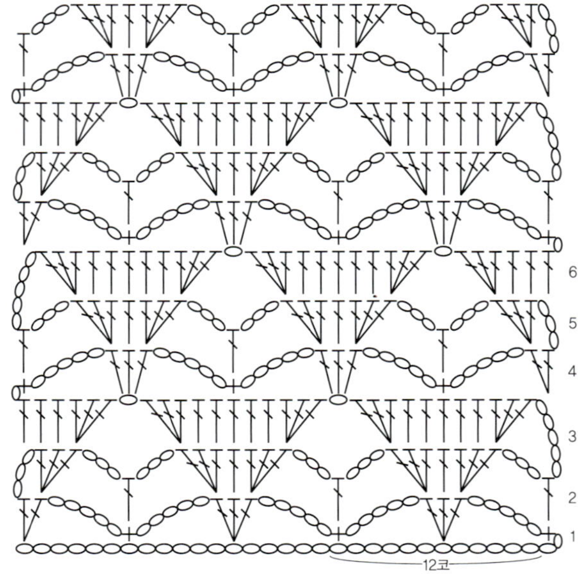

7   12코 8단 1무늬

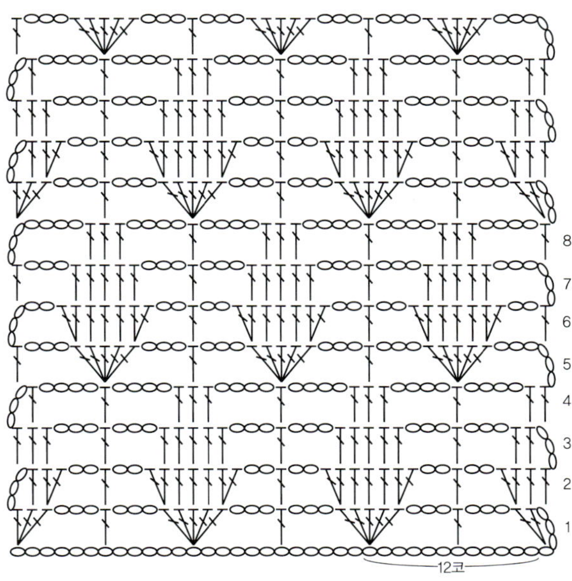

8   21코 14단 1무늬

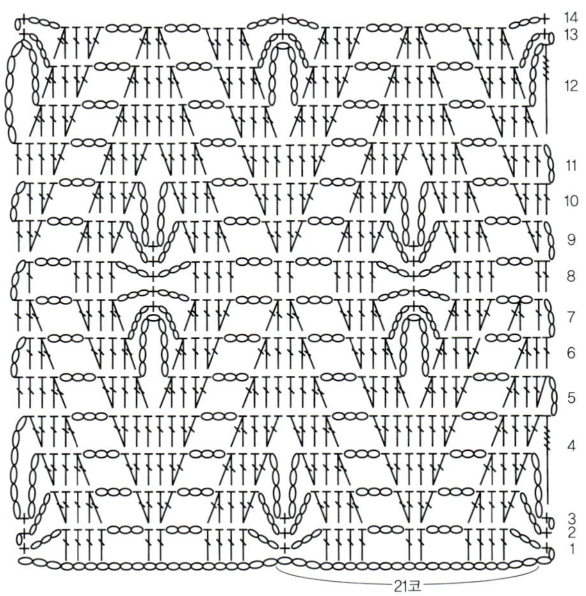

9 18코 2단 1무늬

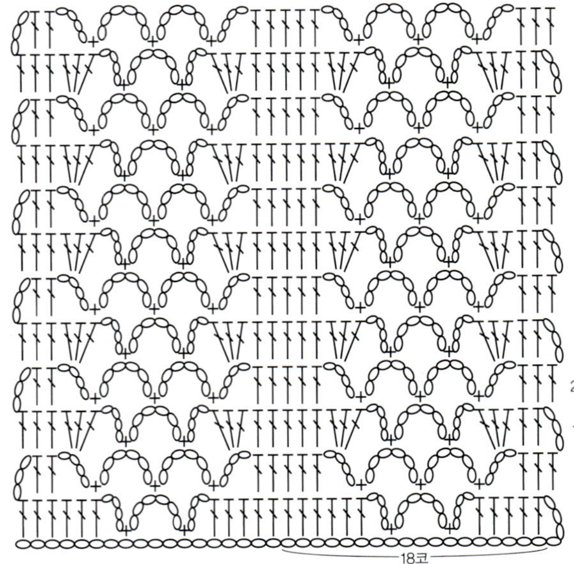

10 8코 8단 1무늬

11 14코 1단 1무늬

12 20코 6단 1무늬

13   24코 12단 1무늬

14   18코 12단 1무늬

15   12코 6단 1무늬

16   12코 6단 1무늬

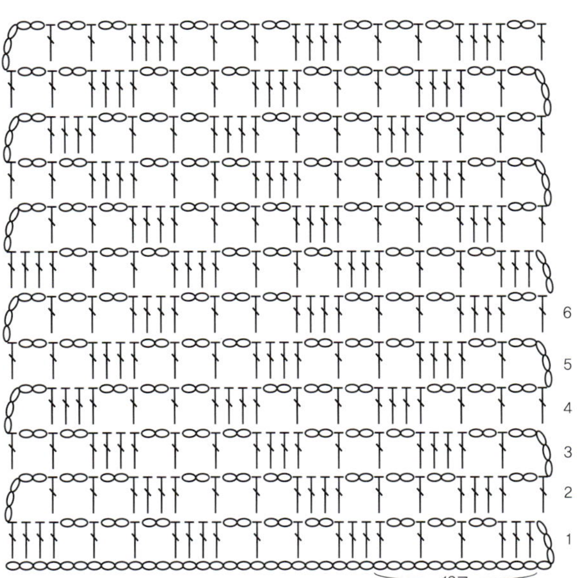

17 27코 9단 1무늬

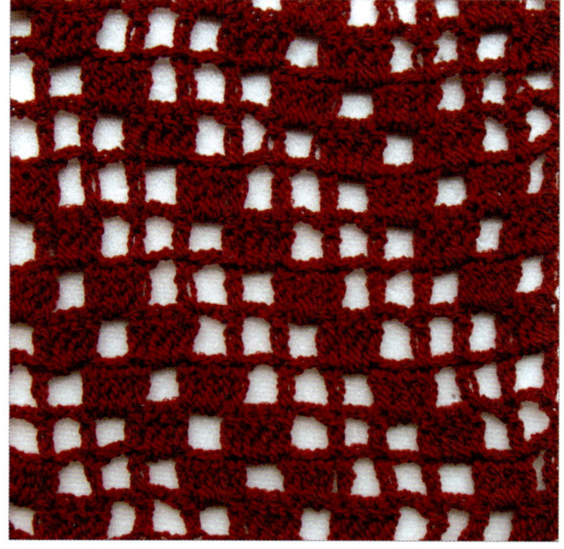

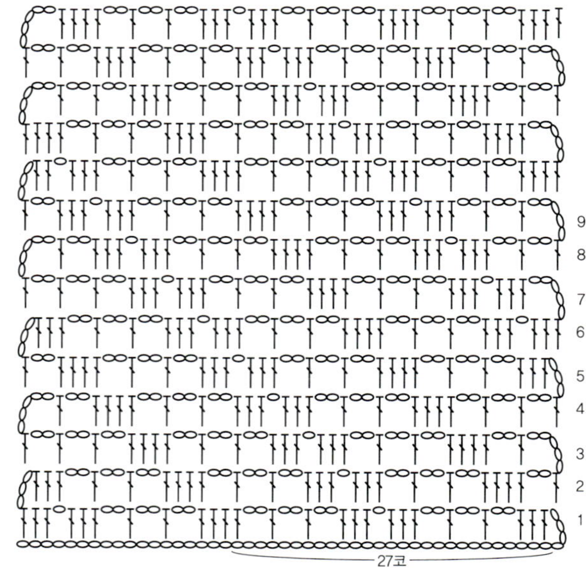

18 12코 6단 1무늬

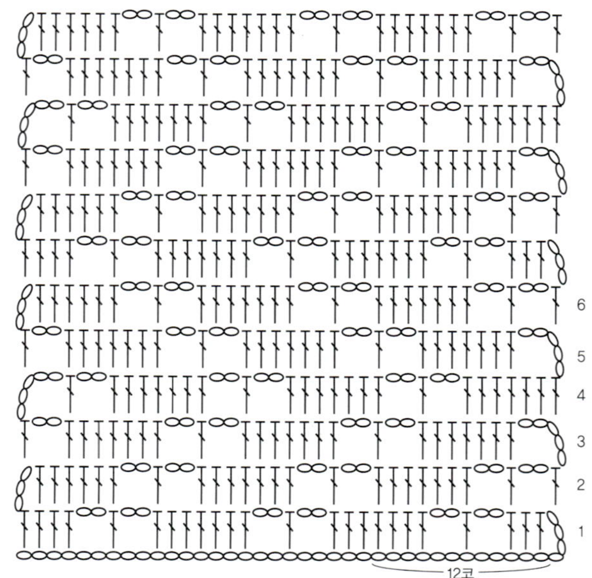

19 14코 8단 1무늬

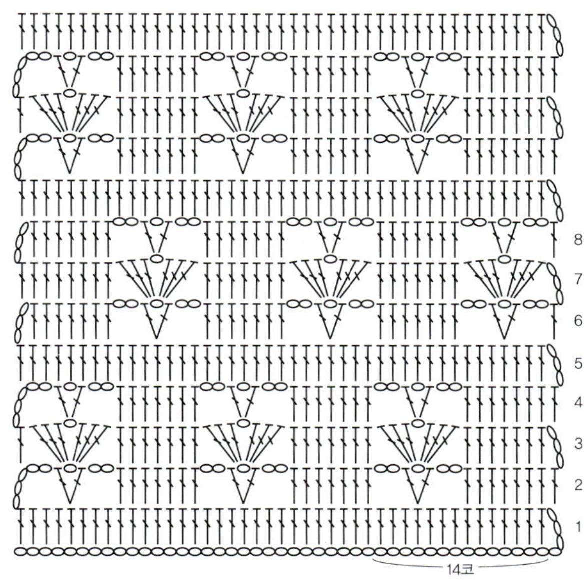

20 10코 2단 1무늬

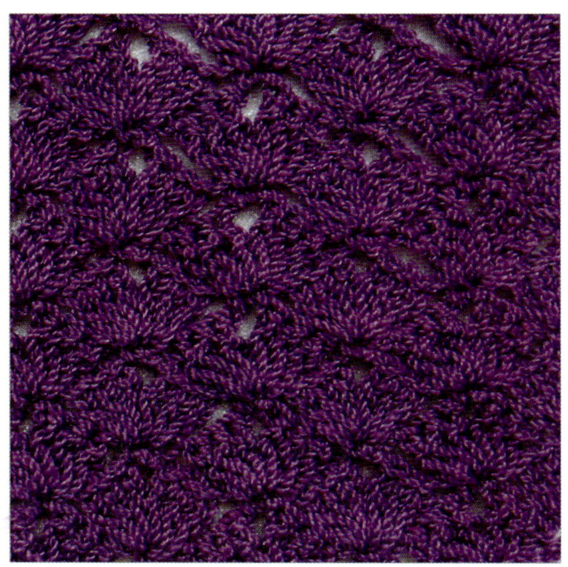

21 8코 3단 1무늬

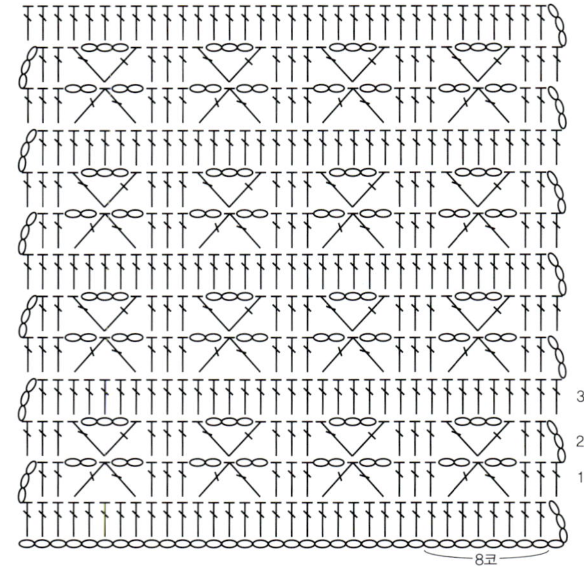

22 6코 4단 1무늬

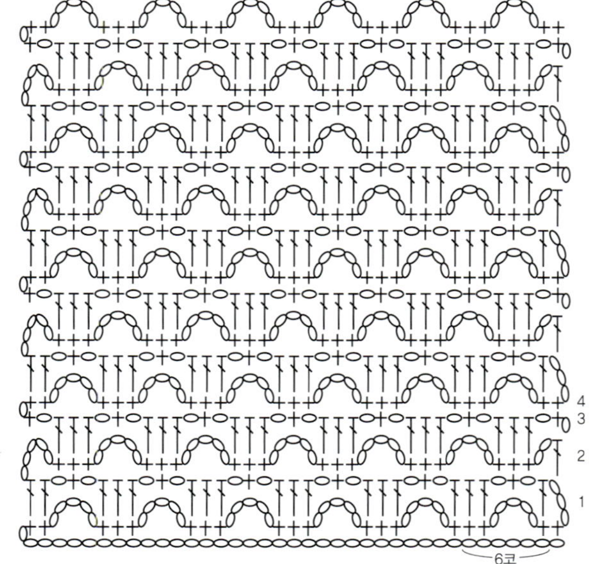

23 8코 2단 1무늬

24 12코 2단 1무늬

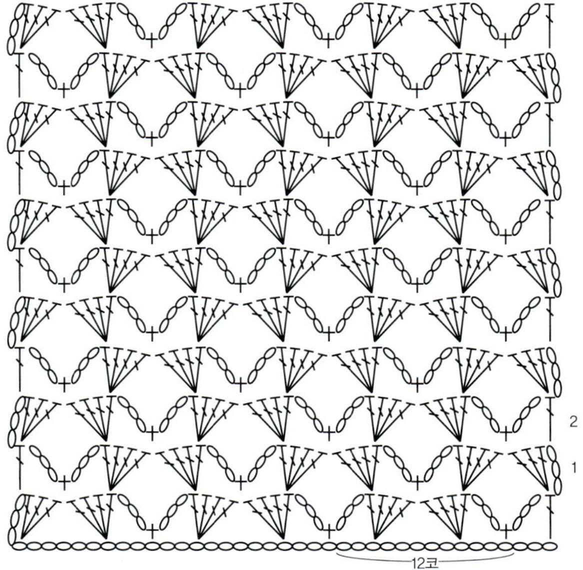

 16코 6단 1무늬

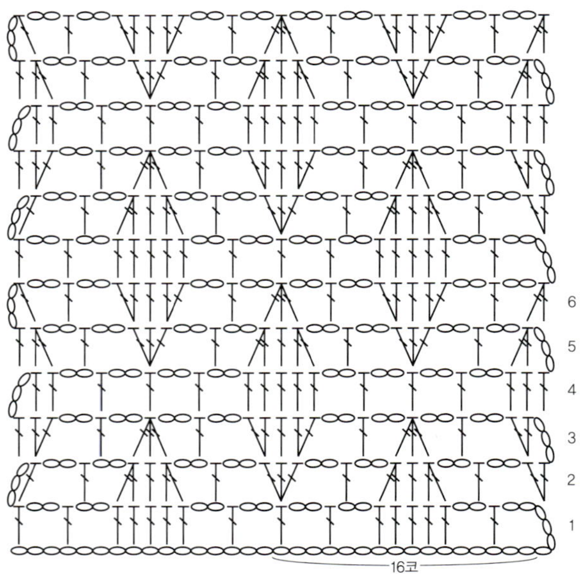

 12코 2단 1무늬

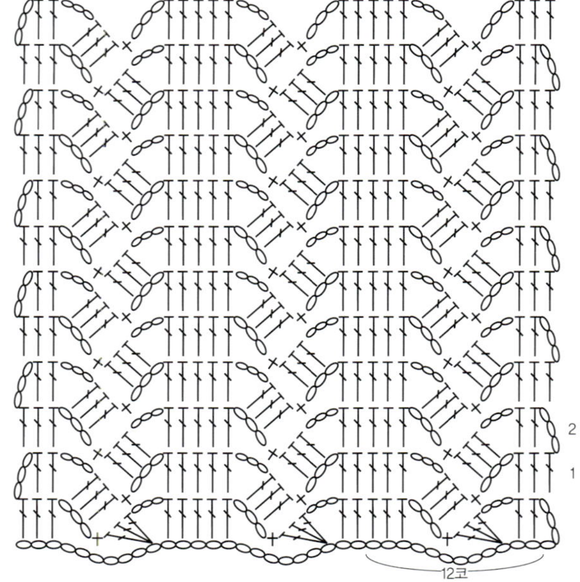

27 11코 4단 1무늬

28 4코 6단 1무늬

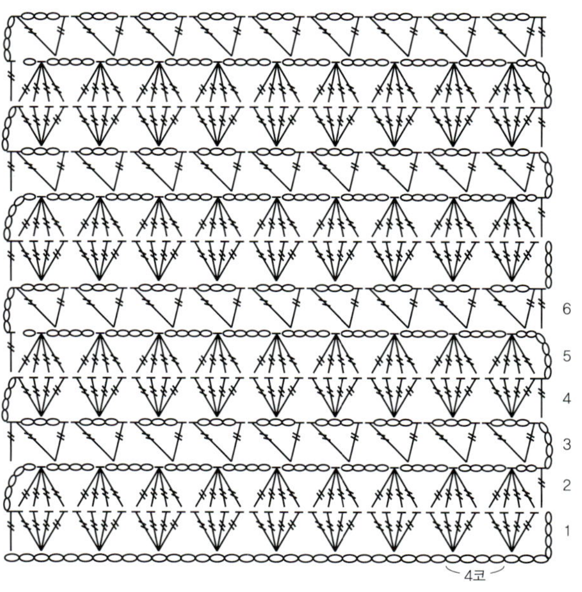

 16코 4단 1무늬

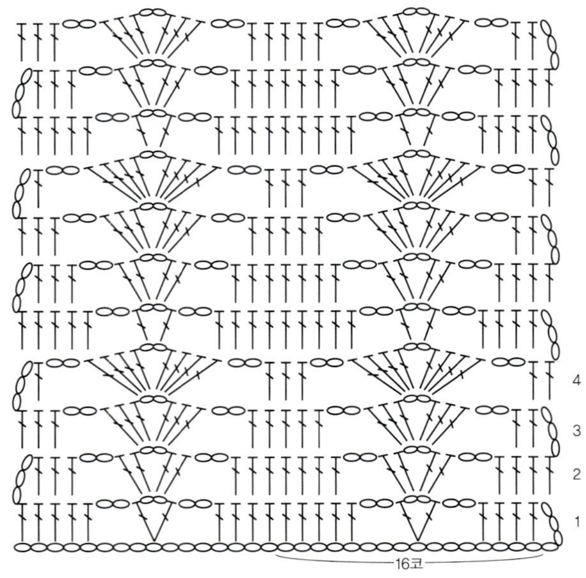

 6코 4단 1무늬

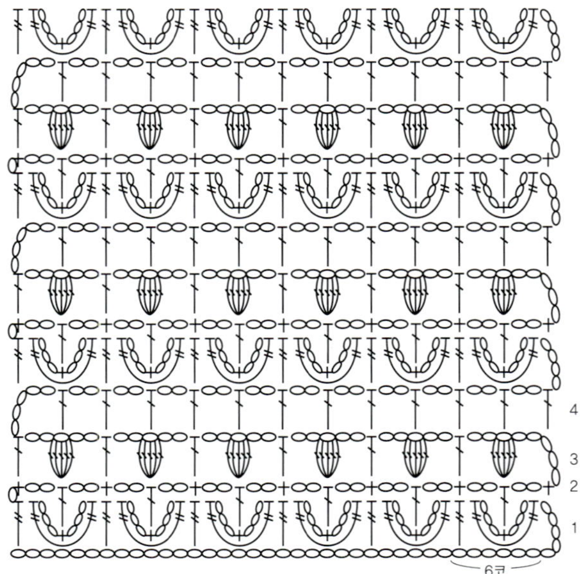

31 10코 8단 1무늬

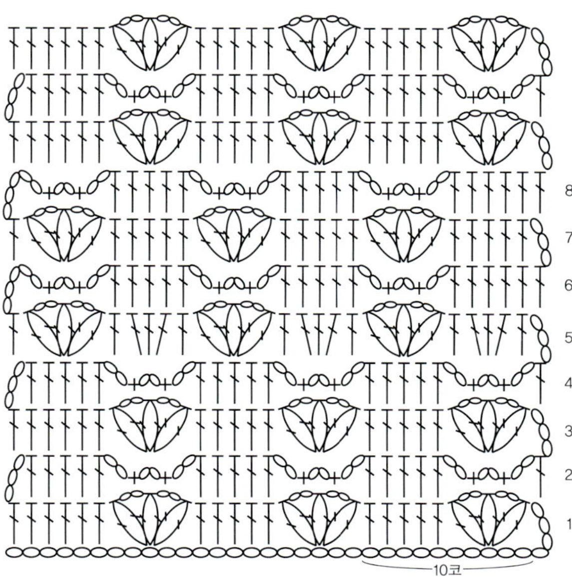

32 12코 2단 1무늬

33 10코 2단 1무늬

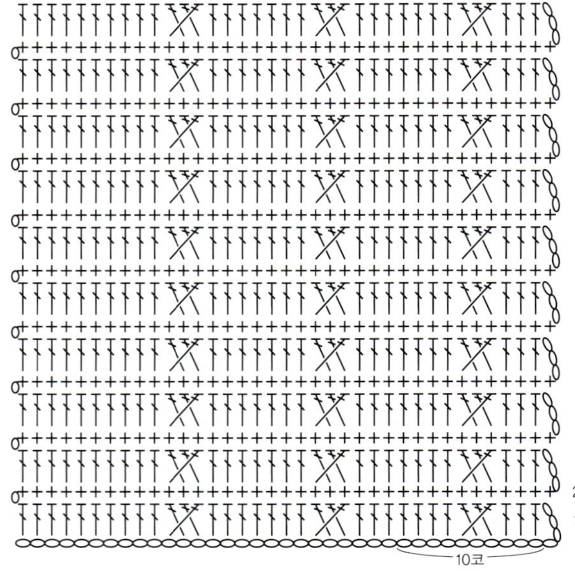

34 8코 4단 1무늬

35 · 12코 2단 1무늬

36 · 6코 6단 1무늬

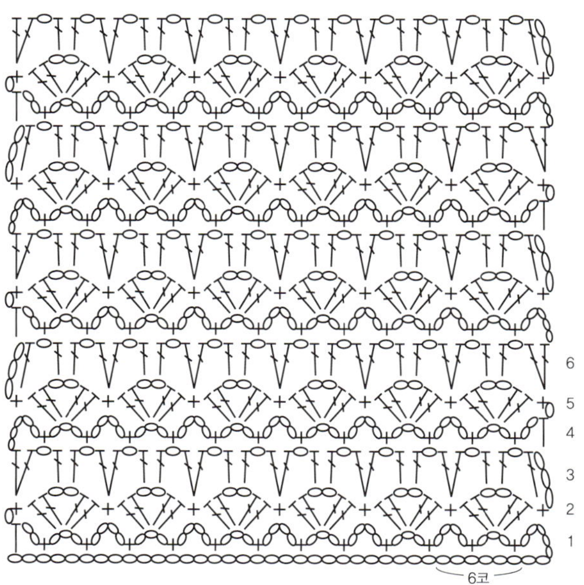

 16코 12단 1무늬

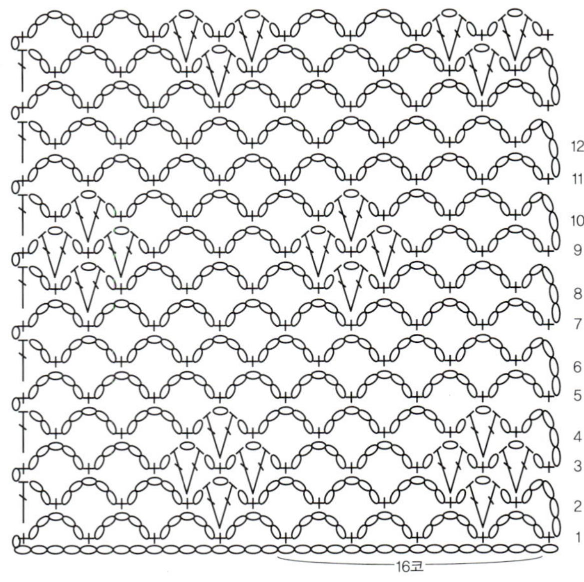

 6코 2단 1무늬

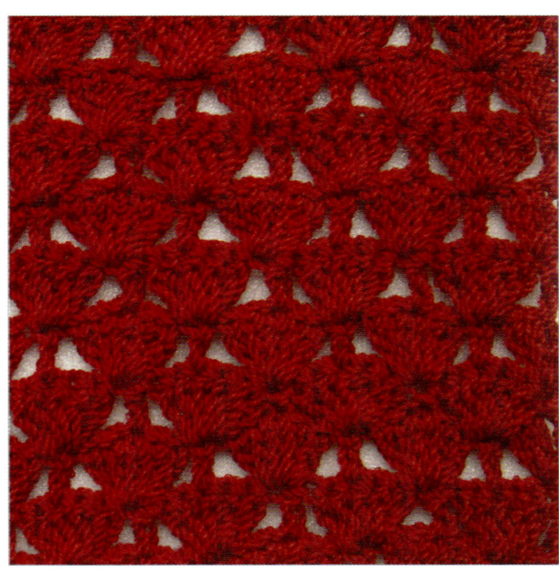

39   8코 6단 1무늬

40   14코 6단 1무늬

41 6코 4단 1무늬

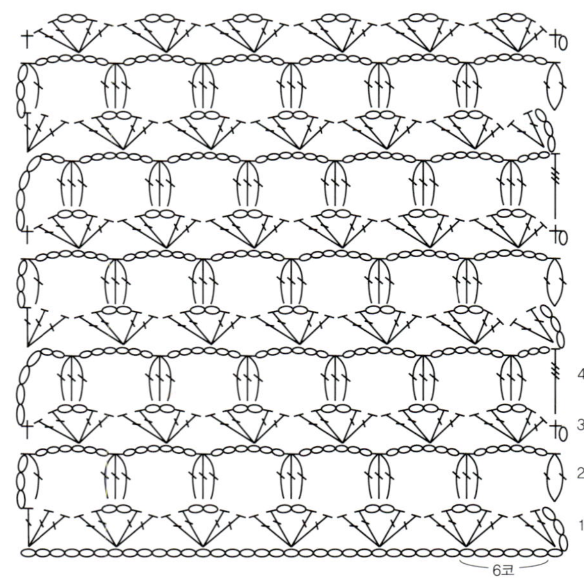

42 10코 6단 1무늬

43 12코 8단 1무늬

44 9코 6단 1무늬

45

18코 12단 1무늬

46

9코 8단 1무늬

47 12코 3단 1무늬

48 10코 4단 1무늬

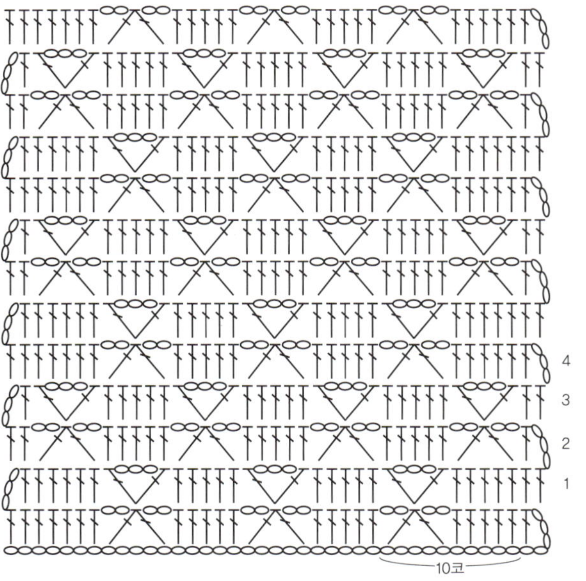

49 14코 8단 1무늬

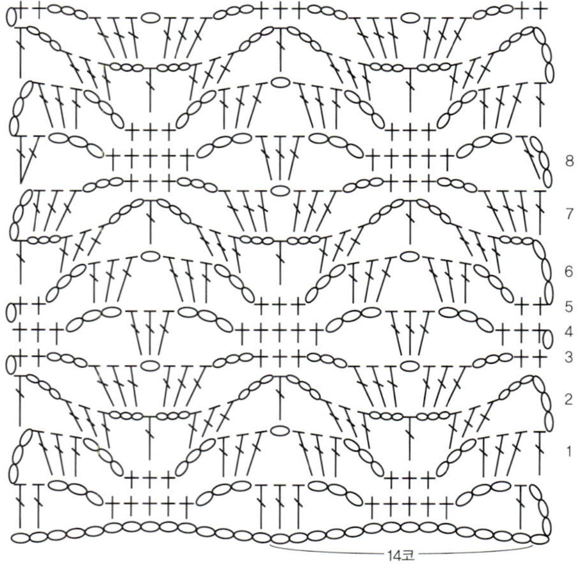

50 12코 4단 1무늬

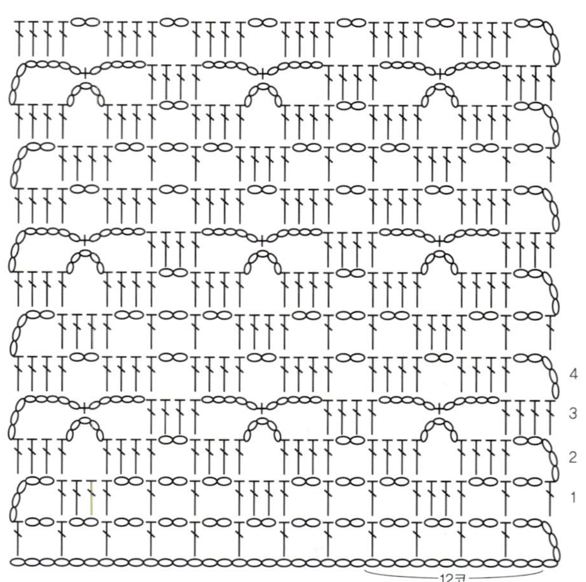

51 10코 4단 1무늬

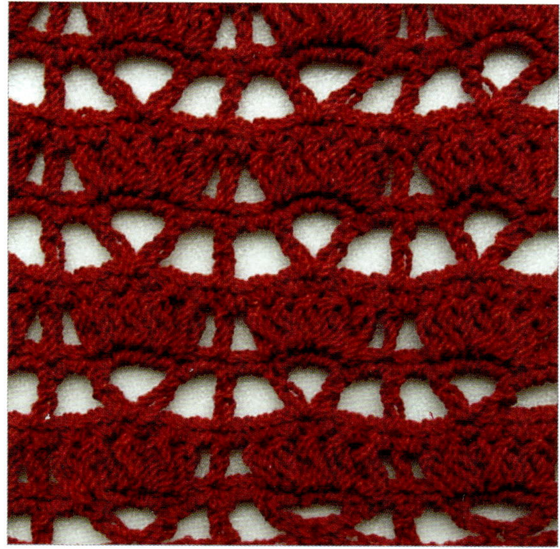

52 10코 6단 1무늬

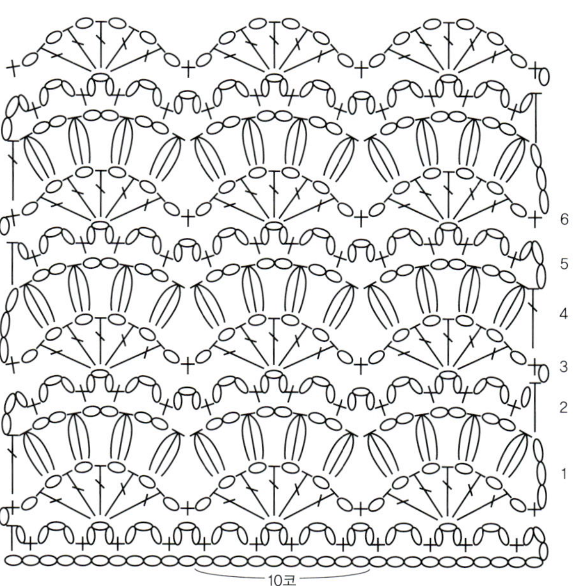

 6단 1무늬

 12코 6단 1무늬

55 10코 6단 1무늬

56 8코 8단 1무늬

57 9코 8단 1무늬

58 12코 6단 1무늬

59 10코 2단 1무늬

60 12코 2단 1무늬

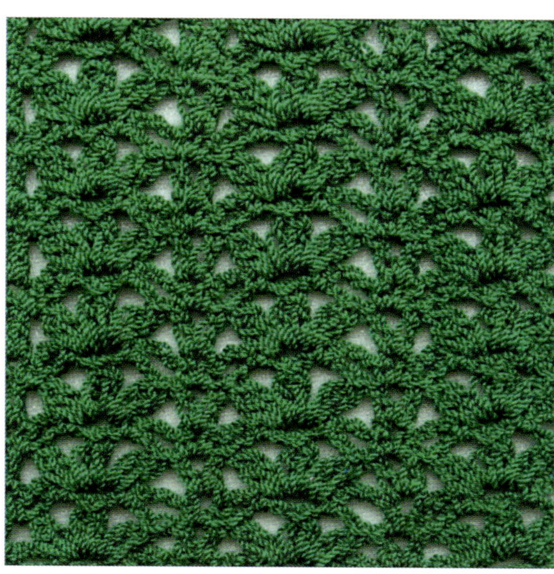

61 — 11코 2단 1무늬

62 — 8코 2단 1무늬

63 7코 2단 1무늬

64 14코 4단 1무늬

 9코 2단 1무늬

 8코 4단 1무늬

67 8코 6단 1무늬

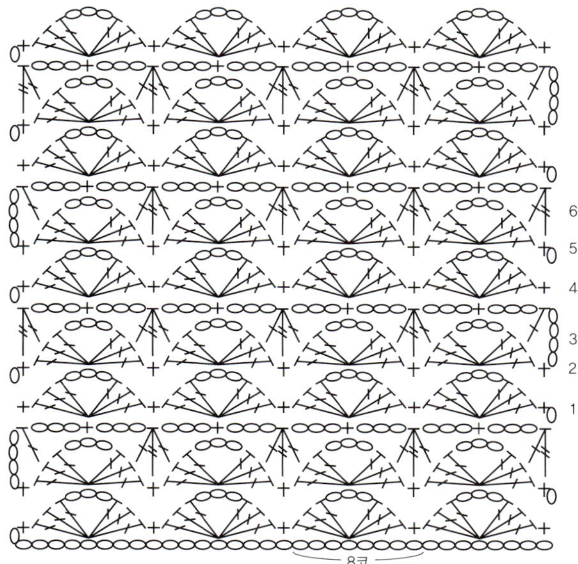

68 6코 4단 1무늬

10코 2단 1무늬

6코 6단 1무늬

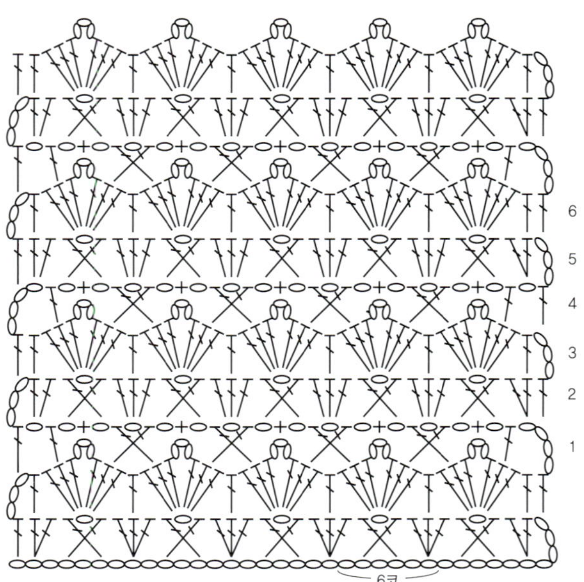

71 6코 18단 1무늬

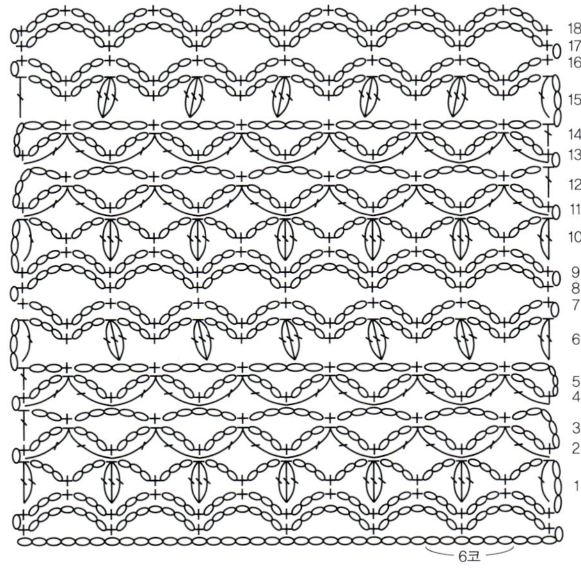

72 12코 6단 1무늬

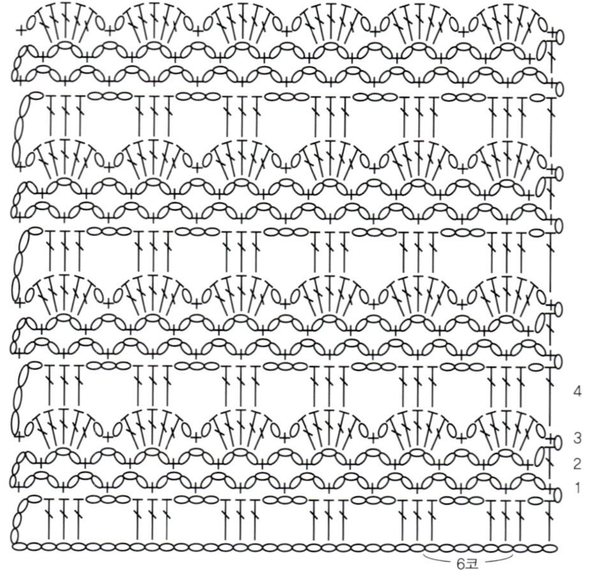

75 24코 8단 1무늬

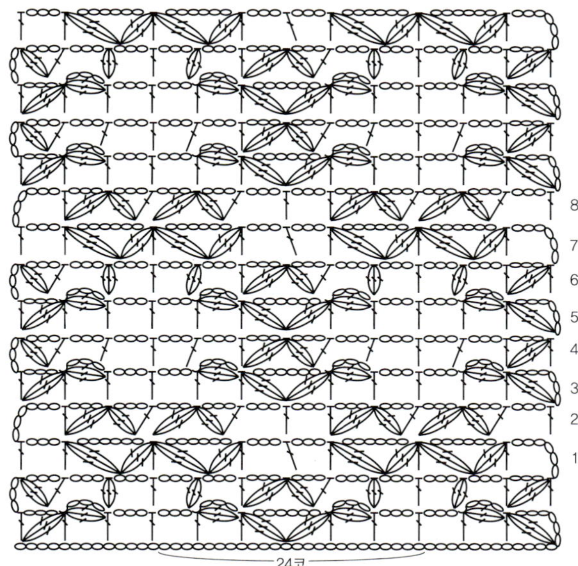

76 30코 10단 1무늬

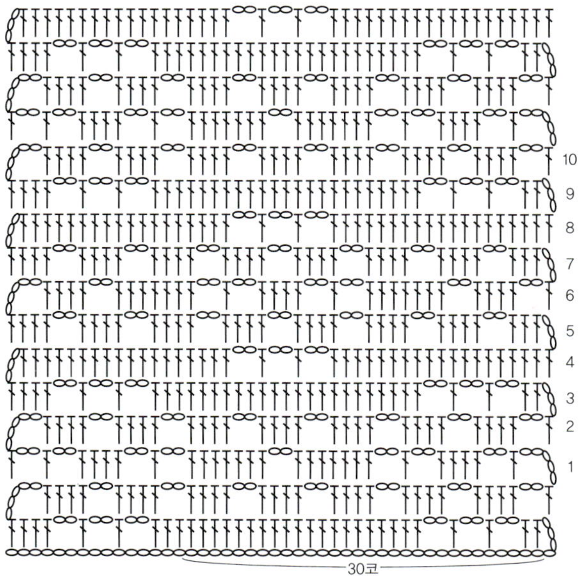

77 · 24코 10단 1무늬

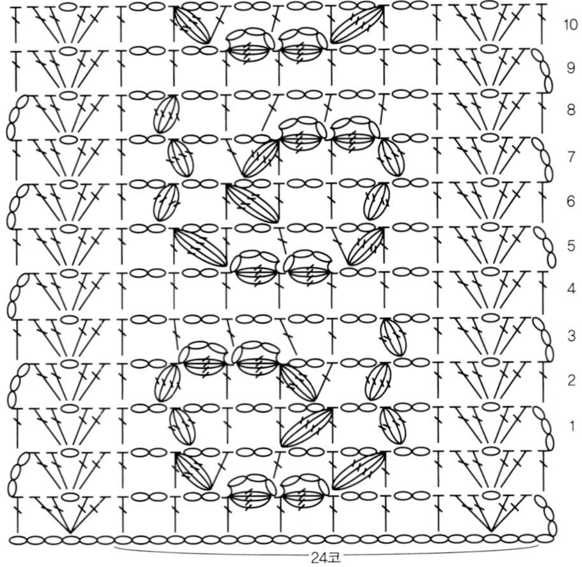

78 · 26코 6단 1무늬

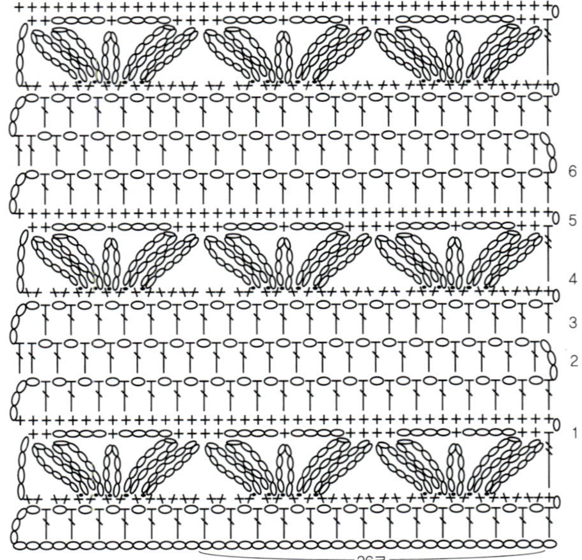

79 8코 6단 1무늬

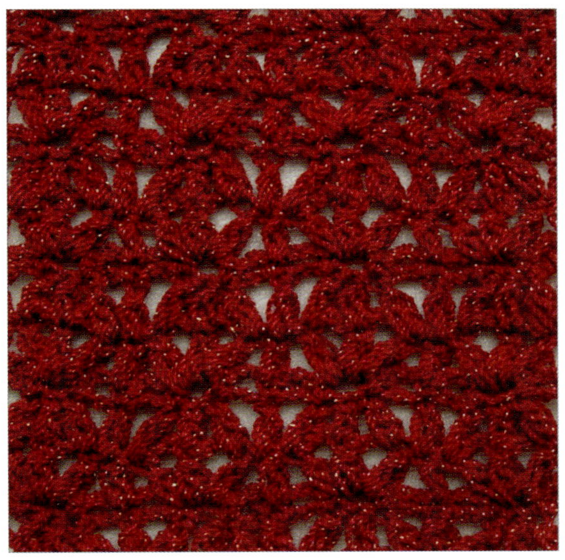

80 10코 4단 1무늬

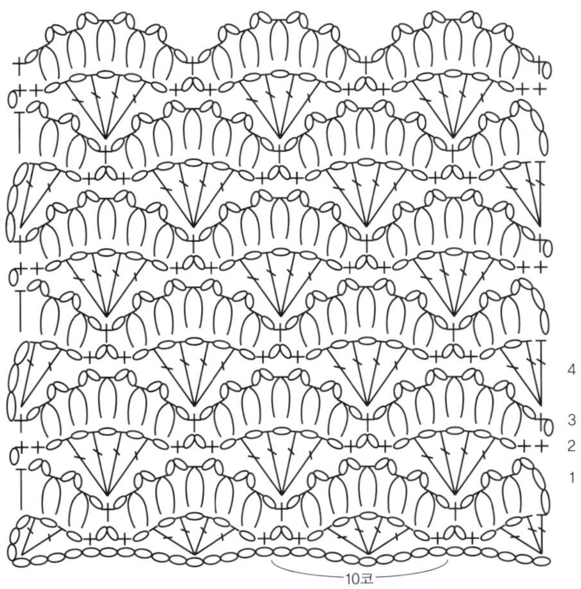

 12코 10단 1무늬

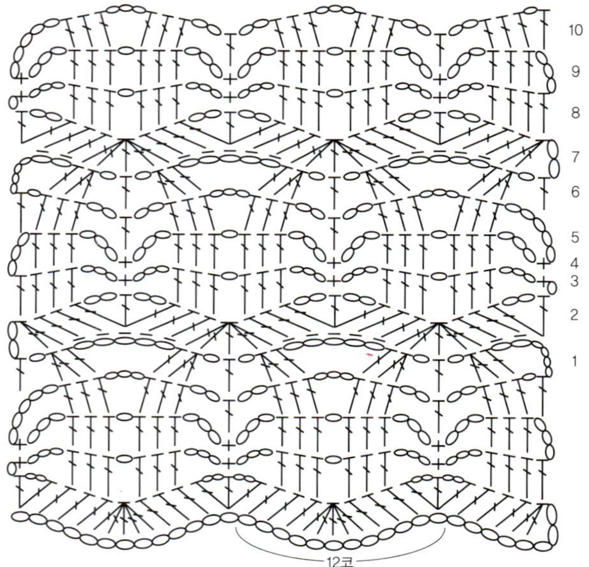

 20코 14단 1무늬

83 12코 2단 1무늬

84 8코 8단 1무늬

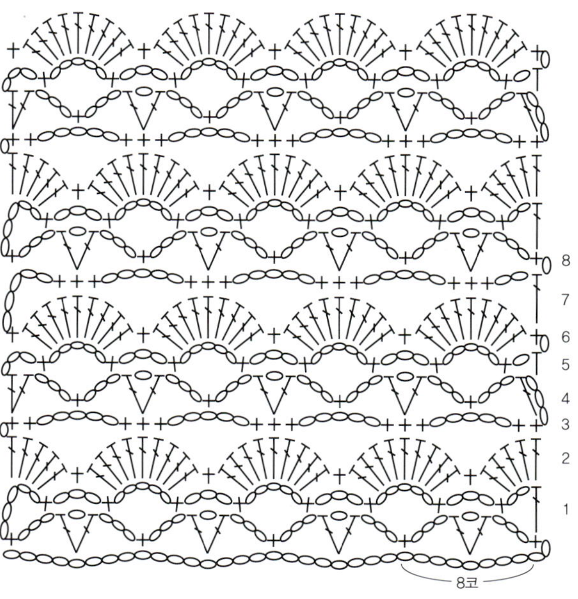

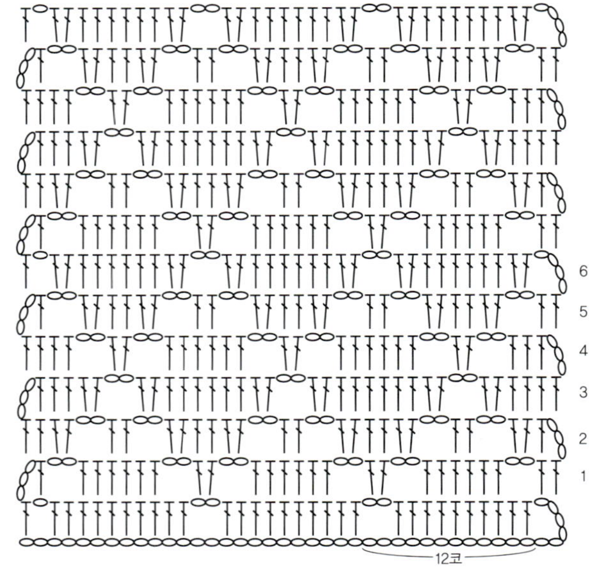

87 8코 8단 1무늬

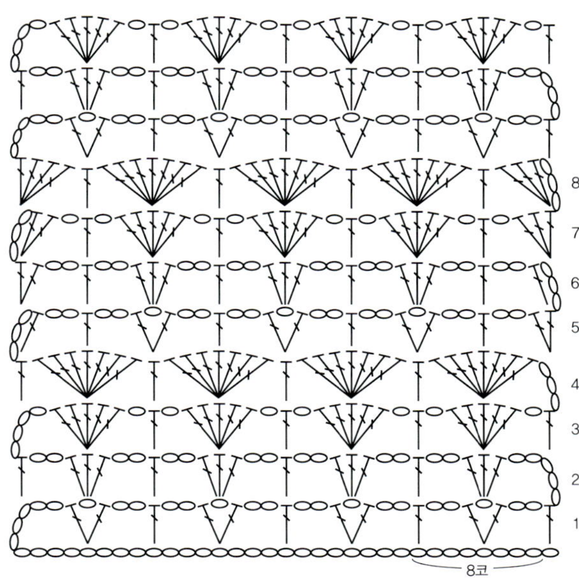

88 10코 6단 1무늬

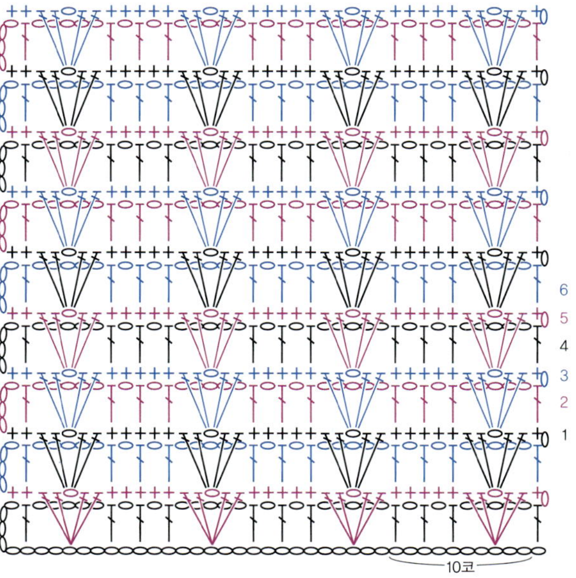

89 6코 12단 1무늬

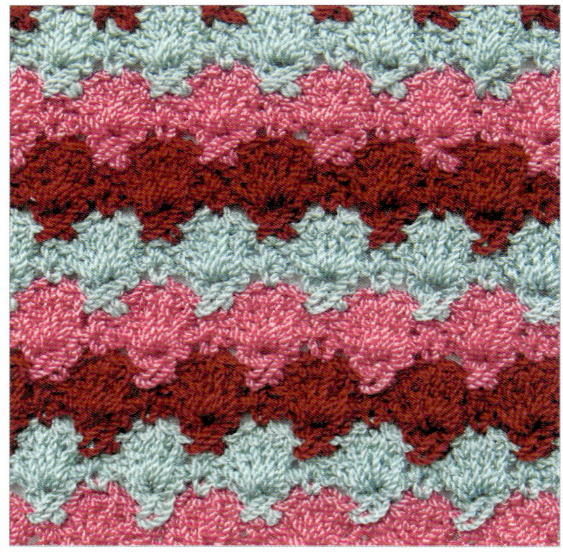

90 20코 8단 1무늬

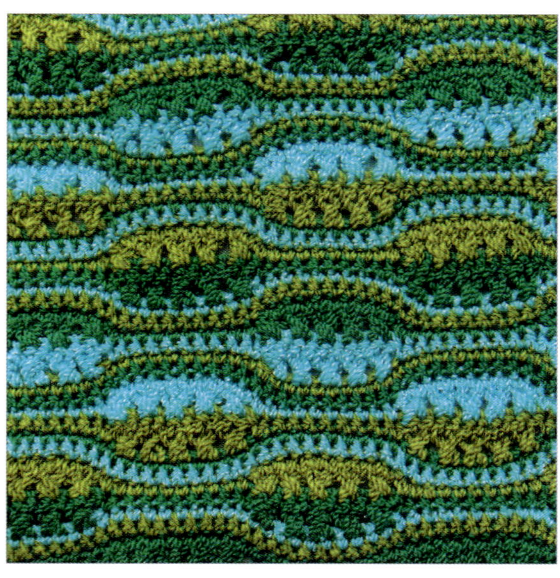

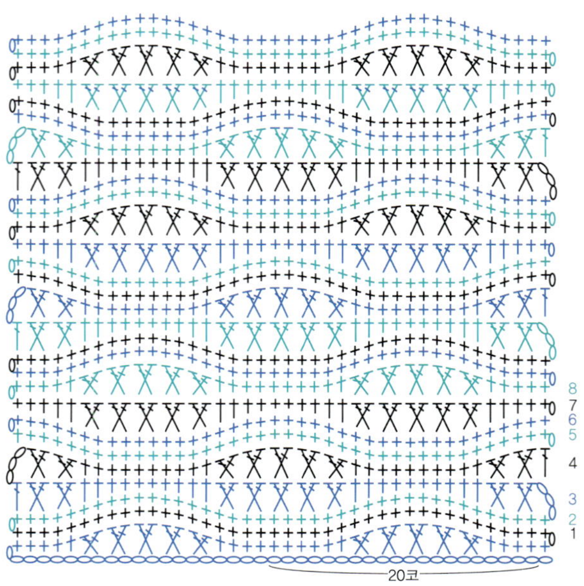

91 6코 8단 1무늬

92 3코 12단 1무늬

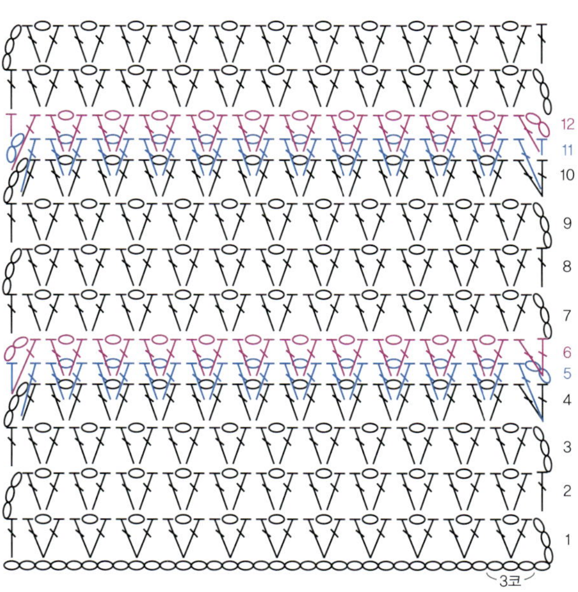

 6코 24단 1무늬

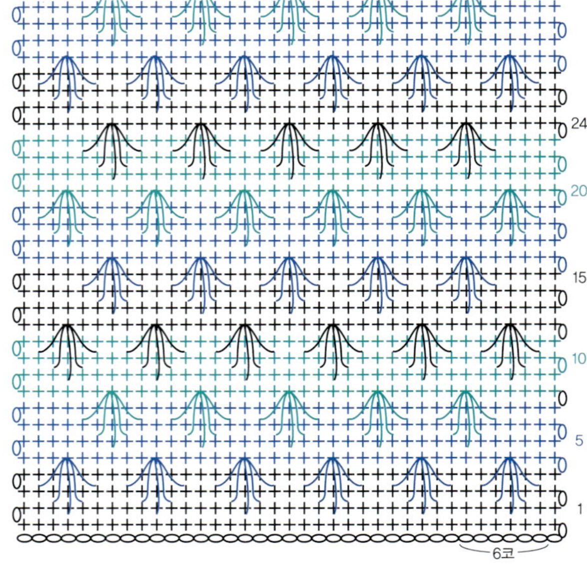

 12코 12단 1무늬

95 12코 16단 1무늬

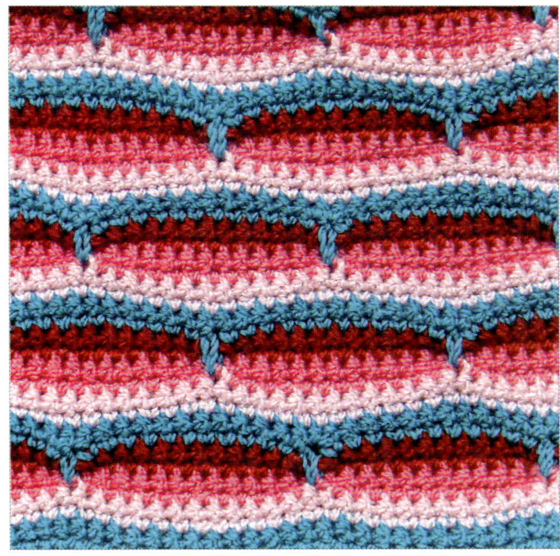

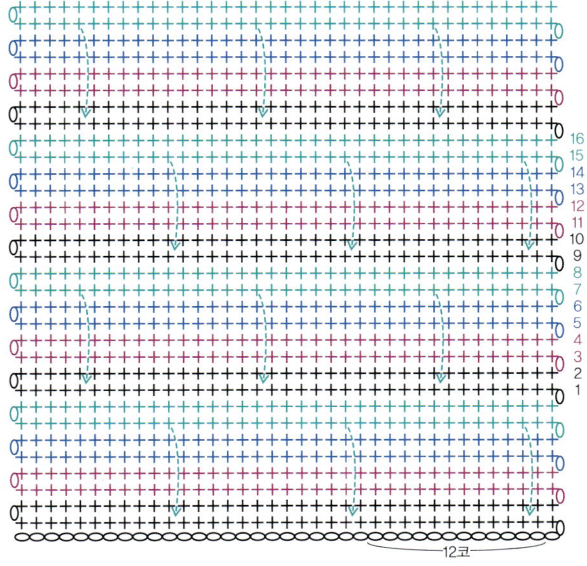

96 22코 8단 1무늬

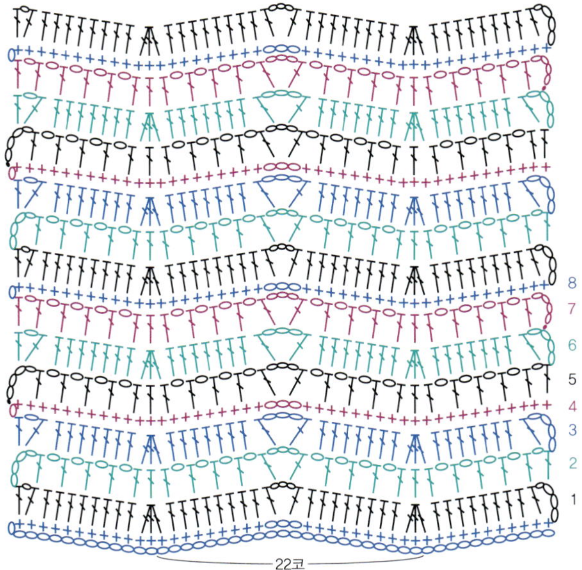

 6코 8단 1무늬

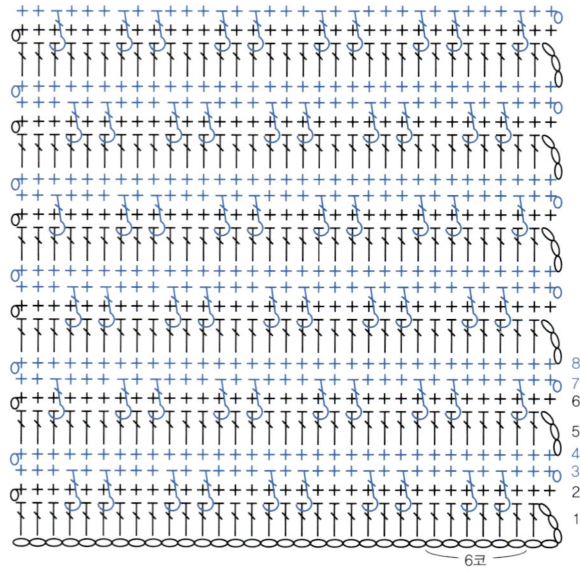

 8코 4단 1무늬

99 10코 4단 1무늬

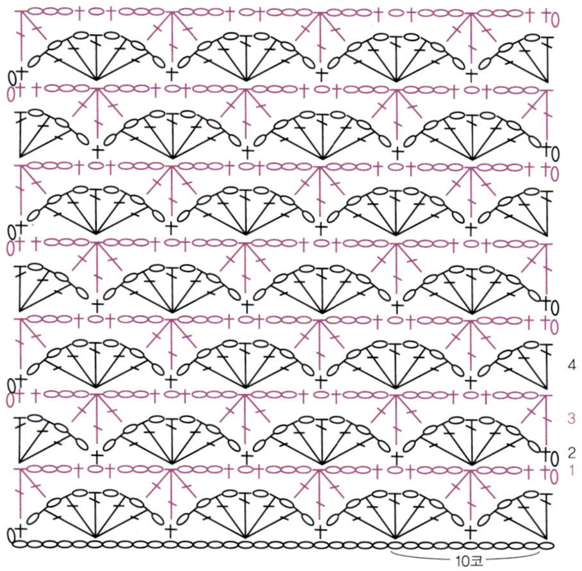

100 8코 4단 1무늬

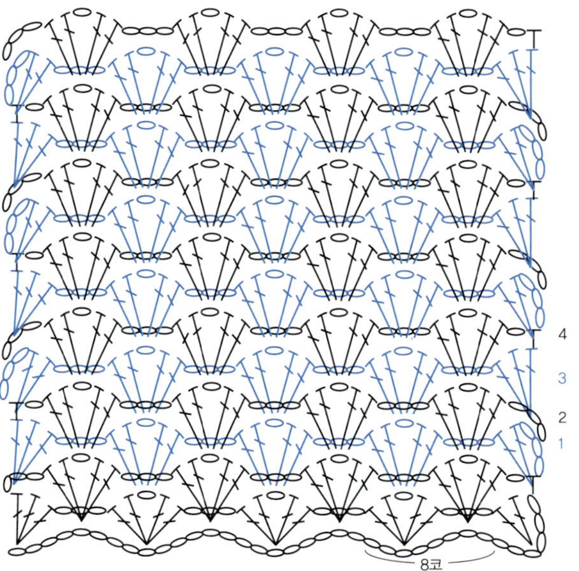

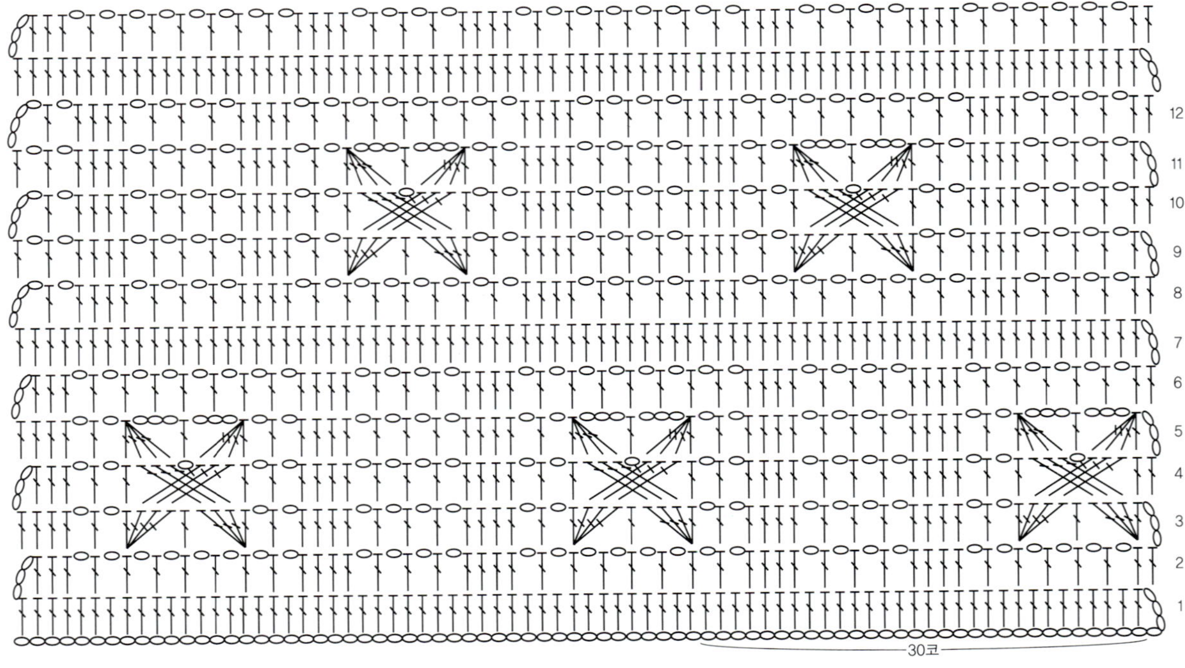

102 36코 16단 1무늬

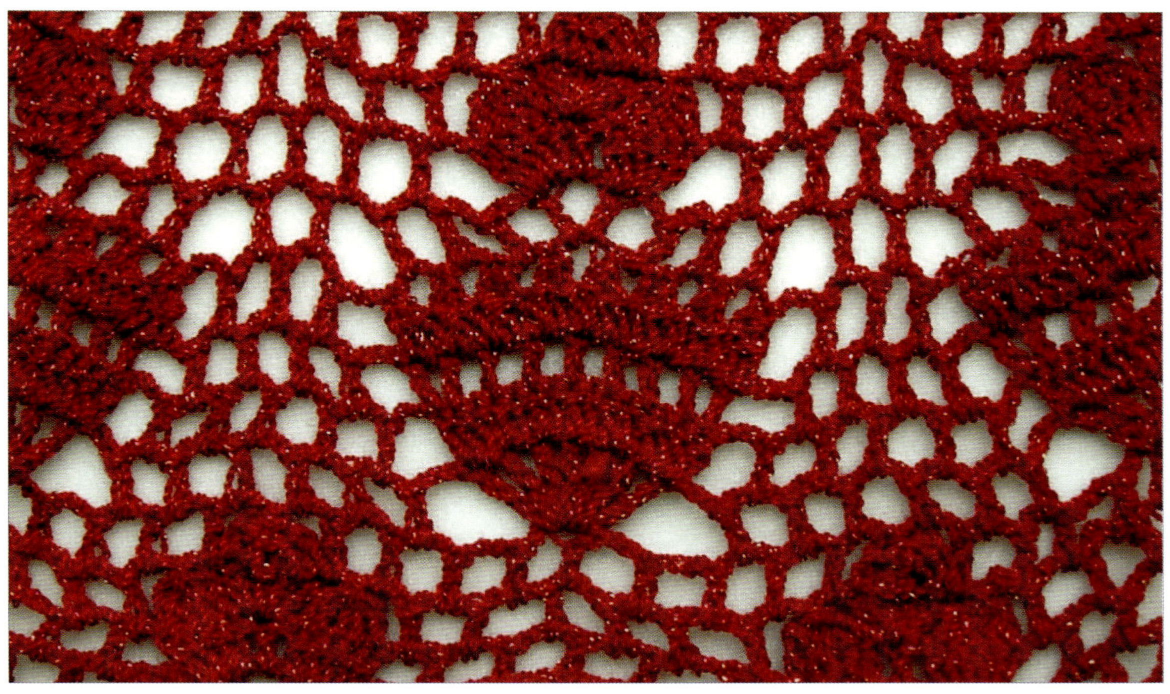

36코

코바늘 무늬뜨기를 활용한 소품 및 패션

프리티 손뜨개 무늬집

2010년 4월 10일 인쇄
2010년 4월 15일 발행

저자 : 임현지
펴낸이 : 남상호

펴낸곳 : 도서출판 **예신**
www.yesin.co.kr

140-896 서울시 용산구 효창동 5-104
대표전화 : 704-4233, 팩스 : 715-3536
등록번호 : 제03-01365호(2002. 4. 18)

값 15,000원

ISBN : 978-89-5649-078-6

fashion hand knit pattern